JN035251

編著
白石哲也［考古学］
松本 剛［人類学］
奥野貴士［生物物理学］
著
高木牧子［山形県水産研究所］
五十嵐悠［山形県水産研究所］
渡部陽子［沢口旅館］
高橋恵美子［Umui］

研究者、魚醤（ぎょしょう）と出会う。

山形の離島・飛島塩辛（とびしましおから）を追って

文学通信

目次

第3章 飛島行き研究チーム発足（白石哲也・松本剛・奥野貴士・高木牧子・五十嵐悠）……055

はじめに――考古学者、魚醤に出会う

白石哲也

魚醤(ぎょしょう)とは何か？

山形の離島、飛島(とびしま)。タブの木が生い茂るこの島は、東北の雪国である山形のイメージとは一線を画す。島の雰囲気は、まるで南の島のようである。もちろん、雪が降らないわけではない。当然、冬になれば雪が積もる。しかし、雪のない季節の飛島は山形であることを忘れさせてしまうほどだ。日本海に囲まれた島である飛島は、やはり漁業が盛んである。かつて、7月中旬から下旬は、トビウオとイカの漁でてんやわんやであったらしい。「らしい」というのは、僕は残念ながら、その光景を見ていない。その理由については、このあと本書を読み進めていくと徐々にわかってくる。

さて、この本のタイトルには「魚醤」とある。読者の皆さんは、「魚醤」という調味料をご存じだろうか。多くの方は、「塩辛は知っているけど、魚醤って何？」と疑問に思う方もいるかもしれない。もしかしたら、「ナンプラー」や「ニョクマム」と言えば、最近のエスニック料理の人気も相まって、知っているかもしれない。そう、「ナンプラー」や「ニョクマム」は、魚醤の一種でにおいのキツイうま味調味料である。

まず魚醤について説明をしておこう。魚醤とは、魚類に塩分を加え、魚肉のたんぱく質を自己消化酵素により分解して各種アミノ酸のうまみ成分を抽出した調味料である。文化人類学者・石毛直道(いしげなおみち)さんによって、魚醤は①魚醤油、②塩辛、③塩辛ペーストの三区分されている(石毛・ケネス1990、石毛2012)[❶]。

①魚醤油：魚と塩を混ぜたものを保存する過程で魚から浸出する上澄みをろ過した液体。東アジア〜東南アジアに分布し、淡水・海産の魚介類が使用される。古代ローマ時代には、アンフォラという長胴の容器を使って、ガルムという魚醤が作られた。

②塩辛：魚類に塩分を加えることで、自己消化酵素や魚介類の体内にある最近の働きでたんぱく質を各種アミノ酸に分解して独自のうまみを出す保存食。淡水・海産の魚介類が利用。アンチョビやニシンの塩漬け、ケジャン(カニ)などがある。

③塩辛ペースト：魚醤油をろ過した残りの固形物をすりつぶしてペースト状ないし、固形物にしたもの。中国南部から東南アジアに分布する。

実は、日本でも各地で魚醤が作られており、なかでも秋田のハタハタで作る「しょっつる」や石川

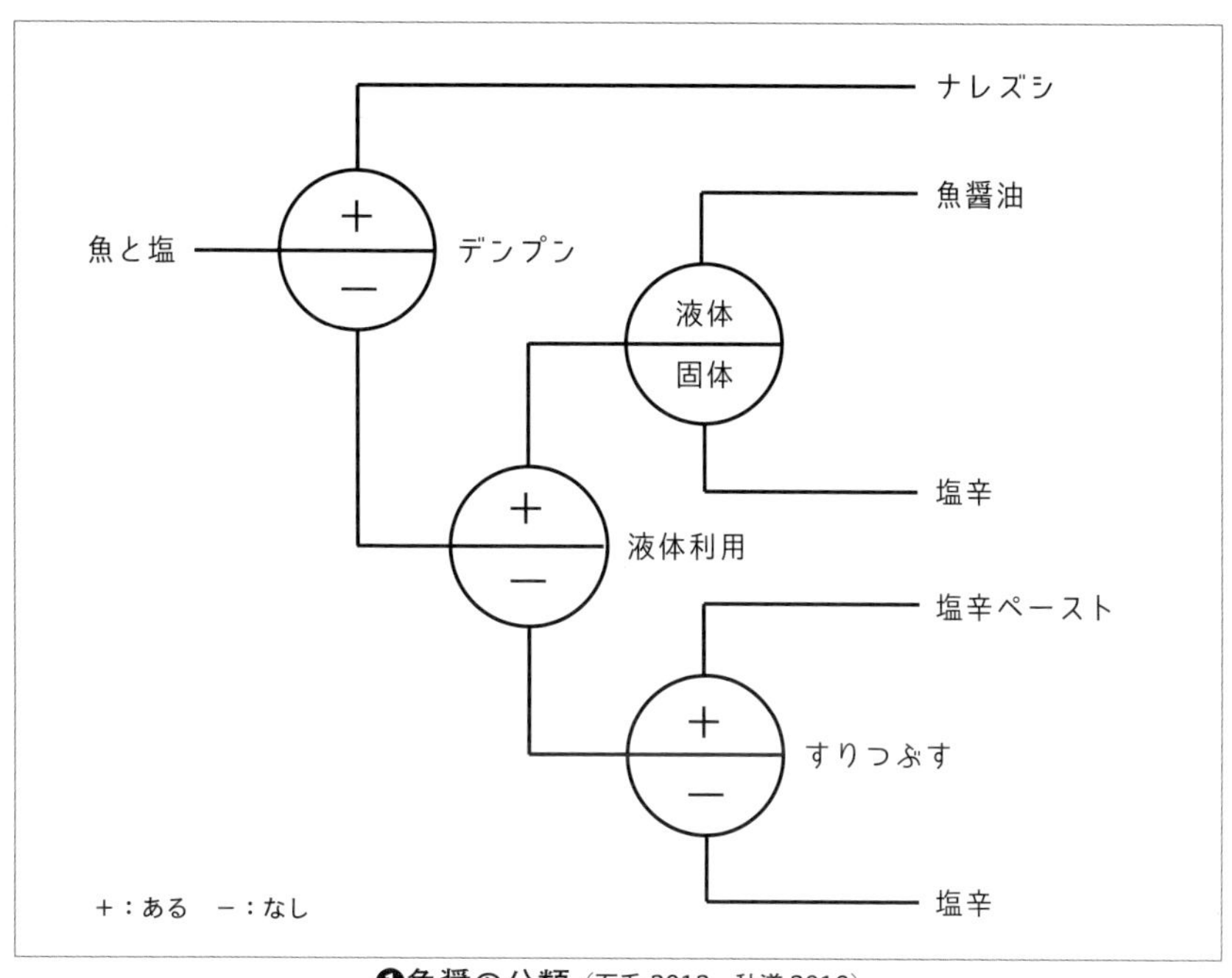

❶魚醤の分類（石毛 2012、秋道 2016）

のイカやカタクチイワシを使った「いしる」や「いしり」、香川の「いかなご醤油」は三大魚醤なんて呼ばれたりしている。もちろん、他にも日本各地でいろいろな魚醤が作られている。

そして、実はここ飛鳥でも古くから魚醤が作られているのだ。三大魚醤に比べ、非常にマイナーで、山形でも知らない人も多い。しかし、「飛鳥の魚醤」は非常に面白い食文化であり、本書は、この「飛鳥の魚醤」に注目して様々な角度から考察するものである。飛鳥の魚醤は、いろいろと呼び方があるのだが、議論をわかりやすくするため、本書では「飛鳥魚醤」と呼ぶことにしたい。

日本と東アジアの魚醤の起源

日本列島における魚醤の起源として、文献では『延喜式』（10世紀）に「鰯魚汁一斗五升」という記述があるが、それ以前についてはわかっていない。近世の書物である『百姓伝記』（17世紀）には、塩辛を調味料として利用している記述がある。塩辛が、味噌や醤油の代用品として用いられていたようである。なお、醤油が庶民に広まったのは、ここ1世紀あまりであり、以前は味噌が多く用いられた。つまり、魚醤油や醤油（穀）という液体の起源は、日本ではそれほど古くなく、むしろ、塩辛および塩辛ペーストのものが一般的であったと考えられる。同じように、ベトナムのニョクマムも同様で、中国・宋の宮廷（990年頃）に魚醤を使った記述はあるようだが、液体であったかはわからない。魚醤を示す言葉に「水」という文字が含まれるようになるのは18世紀以降と言われる。

さらに、東アジア史的視点から魚醤を見ると、秦代に書かれた文献『爾雅』に「肉の（シオカラ）をカイ、魚の（シオカラ）を鮨（キ）」とあり、『説文解字』（漢代）には魚を塩で醸したものという記述がある。なお、清代の考証学者・段玉裁（18世紀）による解釈では、鮨は塩辛を指す。また、塩と米を使って魚を漬物のように漬けてから加熱して食べる料理が『釈名』（漢代）にある。つまり、漢代には中国に塩辛やナレズシが存在したことが確認できるのだ（秋道2016）。

石毛直道さんは、文献を中心に塩辛やナレズシが中国で確立したことを歴史的に説き、人類学者・秋道智彌さんは食文化史的観点から「コメ・魚・塩」をキーワードに、多くの少数民族を分析し、水田農耕と淡水漁撈を生業とする東北タイやベトナムが、塩辛やナレズシの起源地であった可能性を説く（秋道2016）。一方、秦は、南西中国で成立しているが、そこでもナレズシ・塩辛が存在していた可能性は高い。しかし、「コメ・魚・塩」のうち、「コメと魚」に着目すると、別の可能性が浮かびあがる。中国長江流域では約一万年前に、稲作栽培が始まり、河姆渡文化期（約6000年前）に水田農耕を中心とした文化・社会が成立する。そこでは、魚とコメの豊作を祈るような「魚藻紋（ぎょそうもん）」という文様が描かれた遺物なども出土しており、コメと魚を基本とする食文化が形成されていた可能性が高く、そこから魚醤やナレズシが作られたことも想定できる。つまり、考古学的には中国長江流域でかなり古い段階に始まり、南西中国や東北タイ・ベトナムなどに拡散した可能性も考えられるのである。なお、石毛直道さんも秋道智彌さんも日本列島には弥生時代以降に稲作農耕とともにナレズシや塩辛がもたらされた可能性が高いと指摘する。

考古学者、魚醤と出会う

ここで、なぜ僕（白石）が、「魚醤」を追いかけるようになったのかを話したい。僕は、考古学という学問分野の端っこにいる研究者の一人である。なぜ考古学の人が、食文化である「魚醤を研究するの？」といぶかる人もいるかもしれない。僕もそう思う。そもそも、考古学者の本分は、過去のモノや遺跡などから当時の人々の生活などを明らかにすることである（濱田1916、鈴木1988）。では、なぜ、そんな考古学者が「魚醤」を調べ始めたのか。しかも、本まで出してしまった。ここで、少し僕が「魚醤」について、研究をはじめた経緯をお伝えしたい。

記憶をさかのぼると、魚醤との初めての出会いは、日本ではなく、海外だった。大学生の頃にバックパッカーとして東南アジアを旅したときに、魚醤と初めて出会った。その当時は、醤（ひしお）と言えば、先ほど述べた醤油しか知らず、初めてナンプラーに出会い、「なんてくさい調味料だ」と思ったものだ。しかし、旅も慣れ、何度か東南アジアを旅しているとタイの「ナンプラー」以外にも、ベトナムの「ニョクマム」やカンボジア「トゥック・トレイ」に出会うことになる。ジメっとした湿気と強烈な暑さの毎日に疲弊する身体を、くさみのある魚醤で炒めた食事が癒してくれた。

それから十数年が過ぎ、今、僕は考古学の研究をしている。

考古学と言っても、何でもかんでも研究するわけでない。僕の主要な研究テーマの一つは、「先史時代の食文化」である。なかでも「コメと魚」をキーワードに研究をしている。最近では、お米を食べ始めた弥生時代（約2800年〜2300年前）の人々は、海の近くの人も内陸の人もこれまで考えていた以上に、魚介類を食べていたことが見えてきた。さらに詳しく調べると、内陸の人は淡水魚類が多いけれど、沿岸部の人たちは、やはり海産のものを食べている。昔の人も今の人と同じで、海の魚介類が好きだったようだ。

そんな研究をしているうちに、当時の人たちはどんな調味料を使っていたのだろう？　という疑問が自然と湧いてきた。そもそも、海のものを多く食べていたのは、海の魚の方が塩っ気もあっておいしいからかもしれない。そんなことを妄想しているときに、あの「ナンプラー」を思い出した。

弥生時代の人も魚醤を作っていたかもしれない。その時から「魚醤」を調べ始めて、今に至るのである。

どうして飛島へ？

僕が魚醤に興味を持った話はこのあたりにして、次は、「どうして飛島なのか」をお話したい。

2022年度に僕は公益財団法人ロッテ財団から研究助成金をいただいた。これは、民間助成金というもので、あるテーマについて調査・研究費を助成してくれるものだ。多くの研究者が申請書を書いているので、採択されることもあれば、落ちることもよくある。これを競争的資金と言って、代表的なものとして、日本学術振興会が助成する科学研究費補助金（通称、科研費）がある。採択率は、よくても20〜30%程度なので、採択されるとうれしい。

それはともかく、ロッテ財団の研究費は、「魚醤の起源」を解明することを目指したもので、日本と海外でつくられている魚醤の物質文化（たとえば、魚醤を作るための容器や道具）などを調査することを目的にしていた。最初は、能登半島の「いしる」を調査するつもりだったが、いくつかの問題が生じ、期間内に調査ができなくなってしまった。しかし、いろいろと調べていたら、なんと自分の住んでいる山形にも魚醤があるではないか！　それが、「飛島魚醤」だった。ただ調べてみると、文献によっては「魚醤塩辛」とか「塩辛」とも書いてある。この違いは、一体なんだろう。この違いをはっきりさせるためには、現地に行くしかない。この際、山形の魚醤を調べてみようと考えた。本書はその記録である。

と言っても、単なる旅行記や調査報告書ではない。学術書とも違う。この本のコンセプトは、平易な語り口で書きつつも、先学の研究を基礎として、できる限り引用や参照した文献を踏まえ、学術的手続きを正しく行い、飛島魚醤の面白さを追及したものだ。

魚醤という文化

先ほどまで、再三、飛島魚醤について述べてきたところであるが、実は消滅の危機に瀕している文化であることが調査を通じて見えてきた。そこで、僕は最初の調査目的とは別に、魚醤にまつわる文化の記録保存が必要だと思い、2回目（2023年度）の調査を実施した。しかし、島の人たちと話をしていくなかで、それは自分たちの思い上がりであったこともわかってきた。「無くなりつつある文化」なので残したいと島外の人間は思ってしまうが、島の人たちには別の意識が働いていることが見えてきたのである。その詳細については、本書（第7章）を読んでいただければと思う。

この本では飛島魚醤について、それを使った料理（コラム）や、飛島魚醤の成分分析（第5章）、飛島や酒田の漁業の状況（第6章）などを様々な角度から調べてみた。また、島の皆さんへの取材を写真付きで掲載し、僕たちの調査過程を追いかけていけるようにしている。それゆえ、本書の大枠は、飛島の魚醤塩辛を取り巻く人や文化、そして生物化学的視点からの記録となるが、その深淵は実は別のところにある。それは一体何か。ぜひ、気軽に楽しくお読みいただければ幸いである。

飛島の地図
※点線は今回の調査で使った主要な道。
法木
ヘリポート
小中学校
飛島総合センター
中村
テキ穴
勝浦
観光自転車貸出
しまかへ
定期船発着所
賽の河原
飛島
秋田県
酒田港
酒田市
山形県水産研究所
鶴岡市
山形大学

7月18日	
11:00	山形県水産研究所・五十嵐さん、高木さん合流（1便）
12:00	ほんま食堂でランチ
13:30	長浜さんインタビュー
15:00	長浜さんの小屋を見せてもらう
15:50	渡部さんの小屋を見せてもらう
16:30	インタビュー
18:00	沢口旅館
20:00	本日の調査まとめ
7月19日	
11:00	Ｓさん取材
11:50	渡部さんの小屋を再び見せてもらう
12:00	奥野さん合流（1便）
12:00	ランチ
13:00	村井商店で調査
14:00	山形県水産研究所・五十嵐さん、高木さん帰宅（1便）
15:30	奥野さん飛島塩辛①をサンプリング
16:00	酒田市立飛島小中学校で調査
16:30	放置されていた魚醤樽をサンプリング
17:00	沢口旅館
20:00	本日の調査まとめ
7月20日	
10:30	奥野さん飛島塩辛②をサンプリング
11:00	島内で撮影等
11:30	沢口旅館・渡部陽子さん取材
12:00	ランチ
13:30	定期船「とびしま」乗船
15:00	酒田港に到着
15:30	『河北新報』取材を受ける

第三次調査：2023年10月26日・27日

10月26日	
13:30	定期船「とびしま」乗船
15:00	飛島に到着
15:30	渡部さんに挨拶
16:00	飛島魚醤①（10月分）サンプリング
17:30	沢口旅館
20:00	本日の調査まとめ
10月27日	
10:00	飛島魚醤②（10月分）サンプリング
11:00	島内を一周
13:30	定期船「とびしま」乗船し、帰宅

調査スケジュール

第一次調査：2022年9月25日～28日

9月25日	
10:00	山形大学を出発
12:00	回転ずし函太郎でランチ
13:30	定期船「とびしま」乗船
15:00	飛島に到着
15:20	とびしま総合センター・Iさんから島を案内してもらう
17:00	おばこ旅館
20:00	本日の調査まとめ
9月26日	
10:00	渡部さん取材
12:00	しまかへでランチ
13:00	長浜さん取材
17:00	おばこ旅館
18:00	本日の調査まとめ
9月27日	
10:00	渡部さん・長浜さん宅にそれぞれ再びうかがい、聞き落とした部分を聞く
12:00	しまかへでランチ
13:00	Sさん取材
15:00	島を一周する
17:00	おばこ旅館
18:00	本日の調査まとめ
9月28日	
10:30	酒田市立飛島小中学校で島の運動会の写真を見る
12:00	しまかへでランチ
13:30	定期船「とびしま」乗船し帰宅
15:00	酒田港に到着

第二次調査：2023年7月17日～20日

7月17日	
9:00	山形大学から酒田港に向かう
12:00	美味しいランチを目指す
13:30	定期船「とびしま」乗船
15:00	飛島に到着
15:30	島内を一周する
17:30	沢口旅館
20:00	本日の調査まとめ

飛島。鼻戸崎展望台より望む。

第1章
はじめて飛島に行く
失われていく魚醤

白石哲也

いつ日本では魚醤が作られたのか。
僕らの魚醤調査は、ここから始まる。

ハワイよりも遠い「飛島」

今回、「飛島魚醤」をテーマに、計3回の調査を実施した。それら3回の調査について、第一次調査(2022年7月17日〜20日)、第二次調査(2022年9月25日〜28日)と第三次調査(2023年10月26日・27日)として、これから話を進めていくことにしたい。まず本章では、僕(白石)が、最初に飛島に行ったところから話を始めていこう。とは言え、飛島のことをまったく知らない読者の方も多いと思う。まずは飛島がどんな島なのか、から話をはじめることにしたい。

飛島は、山形県でも唯一の離島で、酒田港から北西39㎞の日本海に浮かぶ。酒田港から定期船「とびしま」[❶]に乗船して、75分程度で到着できることもあり、天候がよければ酒田からも見える。それにも関わらず、山形県内でも行ったことのない人が多い(本書の著者である五十嵐さんも、鶴岡市出身だが、飛島は初めてだった)。そんな飛島は、一部では「ハワイより遠い」と言われることもあるらしい。その理由は、定期船の「欠航率」にある。定期船の欠航率は年平均40%で、日本でも第3位に位置づけら

❶定期船「とびしま」

れるほど高く、それを気にして行くのを躊躇（ちゅうちょ）している人も少なくない。実際、船が欠航して数日間、予想外の滞在をすることもあるそうだ。それを聞くと、帰宅して翌日などに学校や仕事があると、なかなか行けないのもうなずける。でも、離島というのは、そういうものなので、あまり気にしてはいけない。

さて飛島の大きさであるが、島自体はそれほど大きくない。周囲10・2㎞、面積2・7㎢で、むしろ小さな島と言ってよい。そのため、観光資源も豊かとは言えない。ただ、島の自然環境は非常に豊かである。対馬海流（つしまかいりゅう）（暖流）の影響で、山形県内ではもっとも年間平均気温が高く、タブノキやヒサカキなどの常緑広葉樹が鬱蒼とした森林を形成し、それらが島全体に広がっている。その光景は、ここは本当に山形なのだろうか、と思ってしまうほどである［❷］。また、こうした豊かな自然環境は、渡り鳥にとって恰好の休憩場所となるらしく、昔から全国のバードウォッチャーが飛島を訪れるそうだ。この時期には、まるでバズーカのように大きなカメラを持った人たちが島を歩いている。

❷タブノキ

もちろん、離島ならではの釣り客も多い。釣り竿やクーラーボックスを持った人をよく見かける。主な客層は釣り客である。しかし、最近ではコスプレイベントなども行われ、全国各地のコスプレイヤーが飛島を訪問するようだ。他にもコロナ禍以降は、ワーケーションの活用も促進されており、第一次調査の滞在中にもワーケーションで訪れている方々に出会った。ワーケーションで、1週間くらい島でゆっくり釣りなどをしながら仕事ができたら、どんなに幸せか。うらやましい限りである。ぜひ、読者の皆さんの職場でも取り入れてほしい。

そんな飛島を回るには、自転車が便利である。無料のレンタル自転車（多数）の他に、島の憩いの場所である「しまかへ」で有料のレンタル電動自転車（5台）と電動バイク（1台）を借りることができる（2023年12月現在）。僕らは、無料のレンタル自転車を「プリウス」、有料の電動自転車を「ポルシェ」［❸］、電動バイクを「ランボルギーニ」と呼ぶことにした。もし、島内をぐるりとめぐるのであれば、多少キツイ坂もあるので、ポルシェかランボルギーニをおススメする。少なくとも普段から鍛えていないと、完全人力である環境にやさしいプリウスを乗り回すことはなかなか大変だと思う。僕は、必ずポルシェをレンタルしていた。ただし、ポルシェとランボルギーニは早いもの勝ちである。そのため、レンタルできないこともある。そうなると、絶望的な気持ちになる。ちなみに、「しまかへ」は

❸通称「ポルシェ」

レンタルバイクだけでなく、おしゃれなカフェや売店なども併設している総合施設で、僕らも滞在中は、いつもお世話になっている。

漁師文化の息づく島

「しまかへ」やワーケーションなどは、島にとっては、本当にここ最近の出来事だ。かつては漁師の島であり、島全体の雰囲気としては今も漁師文化が息づいている。そんな飛島については、早川孝太郎さんの『羽後飛島図誌』（早川1925）に始まり、『飛島誌』（長井1982）、『飛島・あの日三五話』（本間1982）など、風俗や文化を記録した多くの貴重な書籍や報告書が刊行されている。なかでも、粕谷昭二さんによる『日本海の孤島　飛島』（粕谷2010）は、粕谷さん自身の膨大な取材記録とこれまでの刊行された書籍の内容がまとめられており、飛島の歴史や文化を知るうえで、欠かすことのできない一冊となっている。そこには、飛島の成り立ちから現在までの記録が克明に描かれている。

❹島の学校にあった「やりいか大漁」の写真

そうした先達の研究を読み解いていくと、飛島は、古くからイカ漁とトビウオ漁が盛んな地域であることがわかる。特に、6月半ばから7月半ばは、トビウオ漁の最盛期となり、トビウオの加工・処理、イカを使った魚醤の仕込みなどで、イカ漁が落ち着く9月頃までは、非常に忙しかったことがわかる［❹］。だが、そんな光景も今は昔となりつつある。最近ではイカもトビウオもほとんど獲れないらしい（第6章参照）。その代わり、マグロ漁が盛んになりつつあるようだ。

次に、飛島の行政区を見てみよう。飛島は、勝浦（かつうら）・中村（なかむら）・法木（ほうき）の三つの集落から成り立っている（前掲「飛島の地図」参照）。なかでも法木は島の北東に所在しており、平家の落人伝説もあるほど古い集落で、早くから早川孝太郎（はやかわこうたろう）さんや赤坂憲雄（あかさかのりお）さんといった著名な民俗学者が何度も訪れている。赤坂さんは1990年代の法木について、「もっとも漁村らしい面影を残している」と述べている（赤坂1997）。実際に、飛島でも法木が一番古い集落と言われている。僕らの主な調査対象地となったのも法木であった。勝浦や中村は、酒田側に面しており、定期船の港や宿、行政組織はこちらにある。

法木の話が出てきたところで、そろそろ、調査の話に戻ろう。第一次調査（2022年9月25日〜28日）は、まだCovid-19（コロナ禍）の真っ只中で、オミクロン株が落ち着きはじめたタイミングだった。様々な制限は残っているにせよ、海外旅行なども少しずつ緩和されつつあり、世の中的には、「そろそろ」という感じだった。そんな雰囲気のなかで、第一次調査の準備は始まった。

イカの塩辛は「魚醤油」だった？

僕が飛島に魚醤があることを知ったのは、魚醤に関連する本を漁っていた頃に、『魚醤文化フォーラムin酒田』（石谷編1995）［❺］という本を読んだことによる。1992年に酒田港開港500年を記念して開催されたイベントの一つとして「日本海食文化フォーラム500イン酒田」が行われており、そのメインテーマに「黒潮と対馬暖流が運んできた海の食文化・「魚醤文化」を考える」があった。この本は、そのときに講演された内容を編集したもので、当時の議論の様子がわかりやすく記録されていた。読み進めていくと、それまで飛島では「いかの塩辛」と呼んで作られていたが、実は「魚醤油に漬けたもの」だったことを明らかにしたというものだった。これは、とても興味深い指摘である。なぜ島の人たちはこれを「いかの塩辛」と呼んできたのか、一体それはどんなものなのだろうか。大きく括れば「いかの塩辛」も「魚醤」ではあるのだが……。

『魚醤文化フォーラムin酒田』を読んで、飛島に魚醤があることを知った僕は、さっそく飛島に関係する本を読み漁ることにした。すると、飛島では、様々な分野の研究者や文学者、新聞記者が訪れており、なかでも宮本常一さんなど民俗学者は、人々の生活に焦点をあて、訪れた当時の状況を詳細に記述していた。そのため、当時の島の人々の暮らしをつぶさに知ることができた。なかには、「いかの塩辛」についての記述もあった。

❺『魚醤文化フォーラム in 酒田』

ところが、その記述は、どれも「イカの仕込みの話」や「人々の生活に密着した食文化」については、書かれているが、それ以上のことはわからない。「はじめに」でお話したように、僕の研究テーマは、「魚醤の起源の解明」である。たとえば、仮に遺跡から魚醤を製作していた壺を発見したとしよう。それを魚醤の壺であることを説明するためには、製作に使用されたと判断できる道具が一緒に出土していたり、何か特徴的な壺である必要がある。だが、そんな好条件で出土することは少なく、わずかに残された痕跡から推測していくしかない。そのためには、現在の魚醤製作に使用する道具や壺などを、できる限り詳細に知ることが必要である。しかし、どの文献を読んでも、魚醤を作っていることはわかっても、どんな道具や容器で作っているかは、まったくわからなかった。実際のモノを見るためには飛島に行くしかない。

だが、単純に飛島に行けばいいというものではない。まずは、関係各所に連絡をして、いろいろと調整や必要であれば調査の許諾を受けないといけない。そこで、先ほどの酒田文化フォーラムの本に酒田市役所の水産課のことが書かれていたので、まずは酒田市の水産課に電話をしてみた。すると、現在は水産課の方では、飛島魚醤については、あまり把握されていないようで、とびしま総合センターを紹介された。とびしま総合センターは、酒田市役所の派出所のようなところで、飛島の行政機能を担う施設とのことであった。改めて、とびしま総合センターに連絡したところ、Iさんという方が対応してくれた。Iさんとお話をしたところ、現在も魚醤を作っている方が2名いて、その方々をご紹介いただけることになった。6月頃に連絡をして、7月には行きたかったが、ちょうど漁で忙しい季節ということで、9月下旬にうかがうことになった。

8月には大学も夏休みに入り、調査の準備を進めていた折、大学時代の後輩で、日本学術振興会特別研究員として山形大学に来ていた一歩(かずほ)さん（現：山形大学学術研究院講師）と飲みに行く機会があった。その際に、飛島調査のことを話題にしたところ、関心を持っていただき、一緒に行くことになった。一歩さんは、南米アンデス考古学を専門としており、ペルーで現地の人たちと発掘調査や民族調査をしている。そのため、人とコミュニケーションを取ることに長(た)けており、とても心強い味方が一緒に来てくれることになった。

はじめて島へ行く

月日は流れ、すぐに２０２２年9月25日がやってきた。今は無き大学公用車（正確には、僕らの所属する山形大学小白川(こしらかわ)キャンパスの公用車は、２０２３年度に廃止となった）で、酒田港に向かった。せっかく酒田に来たのだからと、お昼はやっぱり海鮮ということで、回転ずし函太郎(かんたろう)でお寿司を食べて、港に向かった。ちなみに、「すし」は、もともと魚の塩漬けに、ご飯を加え発酵・熟成させたナレズシを起源としており、塩漬けにしてそのまま発酵・熟成させる魚醤とは兄弟のような関係を持った食文化である。それゆえ、個人的には、幸先のよいスタートだと、ひそかに思っていた。ただ、ランチでゆっくりしすぎてしまい、酒田港には午後13時過ぎに到着した。１日2便もしくは1便しかない最終便の出発にギリギリ間に合い、なんとか飛島に行く定期船に乗り込むことができた。

久しぶりの船ということで、気分は最高だ。せっかくなので、デッキに出てみた。しかし、意外と波が高い。軽いジェットコースターに乗ってる気分になってきた。最初こそ、二人ともはしゃいでいたが、15分ほどたつと、軽い船酔いになり、黙って客室に戻り、その後の60分間は苦痛でしかなかった。もはや、完全にグロッキーである。あとで聞いた話だが、飛島―酒田間はそれなりに荒れることも多いらしい。欠航率が40%というのも、あながち嘘ではないことがわかる。第二次調査以降は、僕は常に出発から到着まで寝て過ごすようになった。

ともかく、飛島に着いたのだ。船を降りると、飛島総合センターのIさんが、「しまかへ」の前で待っていてくれた。ご本人は、「短髪、メガネ、人相悪いで探してください」とおっしゃっていたが、そんなことは全然なく、とてもやさしそうな人を見つけた。

旅館に荷物を置き、Iさんの運転する島の公用車で、さっそく法木地区に向かった。法木では、現在も魚醤を作られている長浜さんと渡部さんのお家にご挨拶にうかがった。Iさんが事前に、お二人に話を通してくれていたことで、簡単にご挨拶を済ませ、翌日お話を聞く約束がすぐにできた。その帰りに、お隣の家でも、以前魚醤を製作されていたと聞き、今も樽に少し残っている魚醤を味見させていただいた。これが初めての飛島魚醤である。少し塩っけがあるものの、他の魚醤よりも、ほんのりと甘みのある味だった。

そのあと、Iさんの案内で、テキ穴洞窟（古墳時代後期の墓穴）［❻］や海岸遊歩道［❼］、賽（さい）の河原［❽］、明神の社、ロウソク岩などの名所を回ることができた。調査をしていると、なかなかこういった場所を回る時間が取れないので、島内の地理や環境もよくわかり、とても助かった。

❻テキ穴

❼海岸遊歩道

第一次調査で宿泊させていただいたのは、おばこ旅館さんだった。飛島のなかでも古くから続いている老舗旅館だ。経営は、ご両親と息子さんでされていて、夜には地元の郷土料理や新鮮な魚介類をたくさん食べさせていただいた。本当に、毎日の食事がおいしかった。

翌9月26日は、一歩さんと二人で、朝から「しまかへ」に向かいポルシェ（電動自転車）をレンタルして、法木地区の渡部さんのお宅にうかがった。勝浦から法木までは、約10分程度だろうか。中村地区のとびしま総合センターで、Ｉさんにお礼を言いつつ、向かうことにした。とびしま総合センターを抜けると、急に上り坂となり、その上にはヘリポートがある。ヘリポート周辺では、島の方々が雑草取りをされていた。その後の調査でも、ヘリポート横をたびたび通ったが、いつもとてもきれいにされていた。これは離島のヘリポートが、何か危急の事態があっ

❽賽の河原

た際の命綱ということもあるからだろう。

ヘリポートを抜けると、また急坂があり、それを下ると眼前には海と法木の集落が見えてくる［❾］。赤坂さんも書いているように、島で一番の漁師町の雰囲気が今も漂っている。どの家も、家の前には作業小屋（小屋と言うには大きいのだが）があり、ここで漁の準備や魚醤の仕込みなど、様々なことを行っているらしい。実際、そこでは各家のいろいろな漁の道具などを見せていただいた。

❾法木地区

物々交換のために

渡部さんのお家に着くと、まっさきに魚醤樽を見せていただくことになった。樽が置かれている場所は、作業小屋の端の細い部屋だった［❿］。プラスチックの樽が四つと木樽が一つあり、木樽の中身を見させていただくと、上積みには何やら浮いたもの（ワタ）［⓫］があり、やや生臭さのなかに醤油っぽい香りがした。ただ、ナンプラーなどに比べ、それほどきついにおいはなかった。

味の方は、ということで、プラスチックの樽から少し味見をさせていただいた。やはり、カタクチイワシで作られた魚醤に比べ、塩気よりも甘みを強く感じる（この秘密ついては、奥野さんが第5章で詳しく書いている。また、魚醤の製作方法についても、詳しく教えていただき、第一次と第二次の調査成果を合わせて、第4章で五十嵐さんがまとめてくれている）。

⑩作業小屋

⑪木樽の中（2023年７月撮影）

渡部さんによると、昔は、酒田のお米との物々交換のために作っていたらしい。実際、赤坂（1997）や粕谷（2010）にも同様のことが記述されており、お米の作れない島では重要な交換物であった。現在では渡部さんや長浜さんが一人で魚醤を製作されているようだが、昭和初め頃までは地区の人たちが共同で作っていたという。おそらく、かなりの量を生産していたのだろう。粕谷（2010）によると、もともとは各家庭で製作されていて、一度共同で製作されるようになり、また各家庭に戻ったことが指摘されている。その背景には、家庭それぞれの作り方があり、一緒にはできなかったようだ。「いかの塩辛」として、酒田市内で販売も行っていた時も、やはり同じ味ではなく、ラベルは一緒だが、味は各家庭で異なっていたらしい。そのため、食べた人が味の違いに驚くこともたびたびあったようだ。また、魚醤づくりに性差はなかったようで、共同で作っているときは、男女数人で製作していたらしい。一方で、「塩辛づくりのおいしい嫁がいい嫁」、という話もあり、比較的女性が作ることが多かったのかもしれない。

渡部さんのお家を出たあとは、一度「しまかへ」でランチをするために勝浦に戻った。飛島でのランチは「しまかへ」か「ほんま食堂」⑫で食べるしかない。「ほんま食堂」は予約が必要なこともあり、「しまかへ」がお休みの時はランチ探しで途方に暮れてしまうことになりかねない。ここは注意が必要である。

午後は、長浜（ながはま）さんのお宅へ向かった。長浜さんの自宅の前にも、作業小屋があり、こちらは2階建てになっている。最初、「お留守かな？」と思ったが、2階でカラオケの練習をしていたらしい。そんな長浜さんからお話を聞くと、もともとは漁師で今でも漁に出ることもあり、僕らが滞在中も漁から戻られた長浜さんにお会いすることもあった。

⑫ほんま食堂のラーメン

島全体で魚醤づくり

長浜さんによると、魚醤づくりは、江戸時代には始まっていたというお話を聞くことができた。樽は、もともと木樽を使っていたが、徐々に「便利さ」や「耐久性」、木樽の入手が困難になったことで、プラスチックの樽へと変化していったそうだ。しかし、長浜さんによると、プラスチックよりも木樽の方がおいしかったらしい。そこで、第三次調査では、渡部さんの木樽の魚醤を少しサンプリングさせていただいた⑬。少し味見したが、確かに木樽の魚醤はおいしかった。木樽については、かつ

⓭渡部さん家の木樽

ては飛島にも桶職人もいたそうで、それだけ多くの人たちが島全体で魚醤を作っていたのだろう。

また、魚醤づくりでは、塩分濃度が重要であると教えていただいた。味・品質を考えると、24〜25度程度が適切で、それ以上だと塩辛くなり、また23度以下だと悪くなりやすかったと言う。酒田で市場に出していたときは、27度以上と決められており、高めに設定していたということである。これは、飛島魚醤が「火入れ」をしないことも関係していると思われる（「火入れ」については、コラム❶を参照）。ちなみに、塩分を測る道具は、昭和以降は塩分器を使っているが、かつて（おそらく江戸から大正）は、ジャガイモの浮き沈みで濃度を捉えていた。他にも、魚醤の作成時にワタを取るときにはアワビの殻を使っていたという。身の回りにある道具をうまく活用している面白い逸話である。

そうこうしているうちに、夕方になってしまった。そろそろ宿に戻らないといけない。宿に戻ってからは、調査内容の整理である。僕も一歩さんも神奈川県出身で、正直な話、庄内弁をきちんと理解できておらず、聞き落とした点やわからないことなどがたくさん出てきた。それらをまとめて、あとはゆっくりビールを飲んで就寝である。

9月27日（調査3日目）は、渡部さんや長浜さんに、昨夜の聞き落とした部分などを教えていただいた。そのあとは、近所のSさんが昔、魚醤を作られていたということで、お話をうかがうことにした。お話いただいた内容自体は、渡部さんや長浜さんと同様であったが、魚醤を作らなくなった理由に「イカが獲れなくなったからだ」という一言が印象的だった。長浜さんも渡部さんも、同じくイカが獲れなくなったことで、いろいろ苦心していたが、やはりイカの不漁がそのまま魚醤づくりにも直結していることがしみじみと伝わってきた。Sさんは、「もしイカが獲れるようになれば、また魚醤を作りたい」ともおっしゃっていた。

インタビューのあと、島全体をポルシェでぐるりと回った。回る中で、島の人たちに出会い、いろいろとお話をすることができ、現在の飛島の状況などもうかがうことができた。現在の飛島は、一年間を通して島に滞在する方は少なく、冬場は子どもがいる酒田で暮らす人も多いという。これは、昔から酒田に家を持つ人はいたが、最近では島内の高齢化などもあり、より顕著になっているようだ。一方で、「しまかへ」の運営などを行っている「合同会社とびしま」の若い人たちが頑張って島を盛り上げようとしてくれていることに期待を寄せていることもお聞きした。しかし、人口減少と高齢化の大きな波は、どうしようもなく、魚醤を含め、郷土のものが失われていく、そんな状況に見えた。

9月27日（調査最終日）は、午後の便で帰るので、午前中は飛島総合センターの横にある学校に行くことにした。ここは、第二次調査以降は見学できなくなっていたが、昨日出会った方にご案内いただき、島の当時の写真などを見ることができた。多くの子どもたちがいた頃は、小学校の運動会で飛島ならではの競技（瓶詰め競争など）も行われていたようで、漁師の島らしさが伝わってくる。とても興味深い写真がたくさん飾られていた。最後は、「しまかへ」でランチを食べて、帰宅の途についた。

第２章
失われるものを記録・保存したい

白石哲也

一人では、限界がある。

しかし、人とのつながりが課題を克服してくれる。

イカが獲れなくなった勝浦の漁港。奥に見えるのはイカ釣り船

魚醤研究に向かうための二つの課題

第一次調査を終え、なんとか調査成果をまとめたところで、2023年2月に京都の立命館大学で行われた第5回和食文化学会において、第一次調査の速報という形で学会報告を行った。学会というのは、研究者が集まる集会のようなもので、それぞれが日々研究している内容を発表する場である。学会に参加・発表することで、その時点での調査成果をまとめる意識が高まるし、自分では気づくことができなかった点などを指摘してもらうことができる。特に、僕みたいに怠惰な人間には、半ば強制的に参加することで、それまでの成果をまとめることができるので、とてもありがたい。飛島魚醤についても、たくさんの質問やコメントをいただくことができた。そして、こうした学会報告を通じて、飛島魚醤や今後の魚醤研究を推進していくうえで、二つの課題に気づいた。

まず一つは、「生物化学的視点の欠如」だ。実際に飛島に行き、聞き取り調査を行ったところ、飛島魚醤は各家庭で味が大きく異なるという証言が出てきた。つまり、個人が作る飛島魚醤は非常に多様であった可能性が高く、そのことを客観的に示すには、生物化学的分析の事例を増やす必要がある。今回、僕が学会で発表した内容には、魚醤の液体をサンプリングするような生物化学的な分析（コラム❶参照）は含まれておらず、あくまで飛島魚醤の製作具や方法に終始していた。言い訳するわけではないが、すでに魚醤フォーラムの段階で、その手の分析は行われていたので、調査計画時は実施しないつもりだったのだ。しかし、「家庭で味が大きく異なる」ということは、どこかひとつを代表して分析しても、それが飛島魚醤全体を語ることにはならず、あくまで飛島魚醤のなかのひとつの例に過

ぎない。そのためにも、過去の分析例だけでなく、新たに分析していくことが必要だ。

二つ目の課題は、「人と魚醤との関係」について深堀ができてないことだった。もう少しわかりやすく言えば、食文化である魚醤には、「作る人」と「食べる人」もしくは「両方の人」、そして「作りもしないし、食べもしないけど、飛島魚醤に懐かしみなど文化的な何かを感じる人」がいる。つまり、魚醤と何らかの関わりのある人たちが大勢いるのだ。こうした人々によって、「飛島魚醤」という食文化が形作られているはずだ。実際に、渡部さんや長浜さんとのお話を通じて、飛島魚醤を、ただ作り、食べるだけでなく、自分たちのアイデンティーや家族とのつながりが内在化されていることが見えてきた。この飛島魚醤の食文化を考察するためには、ただ魚醤について調べるだけではダメで、飛島魚醤を取り巻く様々な人たちと丁寧に会話を交わさないといけない。それは、他愛のない話でもよく、そこから、人々の心のなかにある「飛島魚醤」を聞き取っていくことが大切になる。

しかし、僕の専門である考古学は、モノを基礎とした物質文化的研究である。そのため、自身の学問的バックグラウンドに、人と文化に関する蓄積がそう多くはない。もちろん、調査の際にも、いろいろとお話を聞くように努力しているし、そうした研究経験もないわけじゃない。しかし、これは研究であり、僕はあくまで魚醤製作に関わる物質文化的研究にこだわりたい。そのためにも、一緒に調査をしてくれる適切な人材を探すことが大切だ。実際、調査の時も、一歩さんはいろいろとうまく聞き取ってくれていた。なので、本当はお願いしたい気持ちがあったが、彼は日本学術振興会の研究員であり、どこかの大学や研究機関での専任のポジションを得ておらず、まずは自分の研究を頑張ってもらうことが大切な時期だった。

発酵人類学もこなす実践者

そんな折、職場の同僚で少し（とても）変わった人物である松本剛さんとの共同研究で大阪・岐阜に出張することになった。この調査では、刀鍛冶職人や畳職人の方とお話する機会を得たりしながら、松本さんといろいろなことをじっくり話す機会を得ることができた。松本さんとは、山形でも普段からよく一緒に飲むけれど、やっぱり旅先でいろいろな文化や人に触れていると感性が刺戟され、話も大きく広がる気がする。そんななかで、特に「発酵食」に関する話をたくさんした。松本さんは、以前、大学で、「発酵人類学」という講義を行ったりしており、発酵食に造詣が深く、魚醤についても大変関心を持ってくれた。さらに、松本さんはアメリカで人類学の学位も取得している。そして、強烈な個性を持つ松本さんの周囲には様々な人が集まり、様々なプロジェクトを推進している。松本さんは、多くの個性的な人たちを惹きつける大きな魅力にあふれた、根っからのフィールドワーカーである。先ほど挙げた二つ目の課題にうってつけの人物と言える。ひとつ、松本さんにまつわる面白い話を紹介しよう。

今、世界ではSDGs（Sustainable Development Goals）が叫ばれているのは、読者の皆さんも、ご存じだと思う。大学でも、SDGsを推進していくために、様々な活動が行われていて、松本さんは、大学が社会の持続可能な発展に向けた学内外の取り組みを推進するために設置したYU-SDGsタスクフォースのメンバーを努めている。とは言え、「推進しよう」と言いながらもなかなか実践的に行える人は少ないはずだ。僕も、人のことは言えない。しかし、松本さんは違う。あえて自宅を山の近くに建て、里山環境の復元や古道復活のためのプロジェクトを立ち上げたり、小国マタギから暮らしの知恵を学び、地元猟友会と協力して有害鳥獣駆除に努めるなどして、まさに持続可能な社会の構築に向けて日々実践をしているのだ。そんな松本さんに、「人と魚醤の関わり」について、一緒に深堀していくことをお願いした。回答は、もちろんＯＫだった。

これで、課題の一つはなんとかなりそうだ。次は、生物化学的分析を誰にお願いするかだ。分析だけであれば、僕が求める分析をできる人は、それなりにいると思う。しかし、僕としては一緒にフィールドに出て、議論ができる人がいい。これは僕の主観だけど、「試料を持ってきたら、分析してあげるよ」という人とは、いい議論ができると思えない。フィーリングが合わない気がする。試料だけ渡して、「分析の結果は○○でした」ではつまらないし、たぶん、研究も広がらない。そんなことを考えていた折、松本さんと調査した研究の助成金をくれた山形大学データサイエンスセンターから僕と松本さんに、成果報告をするよう連絡が来た。

生物物理学者でフィールドワーカー

助成金をいただいている以上、成果報告は義務である。僕らは、さっそく準備を進め、データサイエンスセンターでの報告会に出席した。そこにいたのが、のちに仲間となってくれる奥野貴士さんである。奥野さんは、僕らの報告会でのコーディネーターを務め、軽快な関西弁で会場を沸かせ、とても発表しやすい雰囲気を作ってくれた。後日、僕らはデータサイエンスセンターに呼ばれ、奥野さんと3人で座談会をすることになった。これは、広報用の座談会で、本来は僕らの研究をベースとして、データサイエンスに関する話をする場だった。しかし、いつの間にか、当初の目的とは全然関係のない、魚醤の話になっていった。しかも、奥野さんの食いつきが非常にいい。奥野さんが話を進めないといけないのに、一番、魚醤の話ばかり聞いてきて、なかなか研究の話にたどり着かない。結果として、広報の役に立ったのかは怪しいところだが、3人で意気投合したところで、「今度、飛島に行くけど、奥野さんも行きますか？」と聞くと、二つ返事で、「ぜひ！」とのこと。ただし、この時点では奥野さんの専門は聞いてなかった（データサイエンスの人だと思っていた）。座談会の終了の時間が来たところで、「今度、3人で飲もう」ということになった。もはや、座談会が何のために開かれたのかわからなかった。この座談会の内容が、実際に広報で使われたのか知る由もない。

ともあれ翌週には、3人で大学近くの居酒屋に行った。ここは、歴代の常連さんが跡を継ぐという面白いお店で、客層も雑多（本物のマタギの方がいたりする）で、いろいろと面白い話を聞ける。もちろん、ここは松本さんの行きつけだ。そんな場所で、3人で飲み始めた。奥野さんときちんと話をするのは初めてだったので、今度はこちらがいろいろと聞くことにした。すると、データサイエンスセンターの報告会は他の先生の代打であり、僕らの発表日は奥野さんがたまたま来ていただけということだった。さらに、奥野さんの専門は生物物理学で、生物化学的分析ができるというではないか。しかも、普段は上山のリンゴ農園などでフィールドワークをしている。これは、めぐり合わせと思わざるを得ない。誘ってよかった。

数日後、奥野さんが県の水産研究所と「飛島魚醤」の共同研究の話を取り付けてきた。仕事が早い。この時の共同研究の内容は、「大学だけでは機器の問題などもあり、十分な分析ができないので、県の水産研究所と一緒に分析しましょう」というものだった。まずは、担当のイガラシさんに連絡してほしいとのこと。

「イガラシさん」とは、今回、第４章を担当してくれた五十嵐悠(いがらしゆう)さんである。さっそく電話を入れたところ、その日は出張のためいなかったので、翌日、連絡をいただいた。五十嵐さんは、飛島魚醤に関心はあったが、調査する伝手(つて)がなかったらしく、調査への参加を希望してくれた。僕としては、願ったり叶ったりである。県の水産研究所という山形県の水産のプロが一緒に来てくれるなら、断る理由はない。しかも、五十嵐さんは庄内出身というではないか。第一次調査のときに理解しきれなかった庄内弁がはっきりわかるかもしれない。さらに、上司の高木牧子(たかぎまきこ)さんも来てくれるという。これだけの布陣が整えば、あとは飛島で調査を実行するだけとなった。

飛島魚醤を保存する！

ここで話は前後するが、松本さん、奥野さんという心強い仲間を得る過程で、僕は新しいグラント（研究助成金）に採択されていた。このグラントは、「令和５年度秋田県ジオパーク研究助成事業」というもので、鳥海山および飛島などを範囲としたジオパーク内での研究に対する助成金である。先にも触れたが、僕ら研究者が研究を進めるためには、絶えず研究費を獲得しなければいけない。安定的な研究費はほぼないので、研究費が途絶えたら、研究が進められなくなる可能性もある。そのため、いつも様々な研究費に応募している。これが、現在の日本の研究者の置かれた現状だ。嘆いても仕方ないので、研究を続けるためには、グラントを取り続けるしかない。

話を戻す。この研究助成で、僕らは飛島魚醤をなんとか保存しようと考えた。実際の調書の一部を以下に示しておきたい。

【目的】本研究の目的は、山形県酒田市飛島で行われている飛島魚醤の製造の工程を詳細に記録し、関係者へのインタビューなどを通じて魚醤が地域社会で作られ続けてきた文化的背景を明らかにするとともに、調査結果を書籍および映像の形で次世代へと伝えることである。

【内容】飛島魚醤は、日本三大魚醤である奥能登のいしる（いしり）、秋田のしょっつる、小豆島のいかなごしょうゆや、伊豆諸島のくさやなどに勝るとも劣らない長い歴史があるが、この魚醤のほぼ全量が塩辛づくりに利用されてきたため、魚醤としては広く紹介されることがなかった（石谷１９９５）。申請者は昨年度（２０２２年度）、タイや日本各地の魚醤について現地調査を行った。その結果、既存の魚醤の多くは、工場などで製作されており、かつてのように家庭内で製造している地域はほぼ皆無であることがわかった。そのなかでも酒田市飛島は、現在でも家庭内製造を継続している大変貴重な地域である。ところが、１９９０年代には約１７０世帯のほとんどで作られていた飛島魚醤も（石谷１９９５）、２０２２年の調査時には、２世帯にまで減少してしまっていた。島内は高齢化が進み、人口も急減しているため、今後の継続性は大変厳しい状況となっている。

一方で、これまでの飛島魚醤についての記録は断片的であり、体系化された記録は皆無に等しい。また、本来、魚醤は製造工程だけでなく、料理として食べられることが重要であるにも関わらず、料理に関する記録も非常に少ない状況にある。そこで、本研究ではこれまでの断片的な飛島魚醤に関する報告について整理・体系化し、さらに地域文化における飛島魚醤の食文化的位置づけを行うこととした。

具体的には、魚醤の製作工程や道具立てだけでなく、地域において魚醤がどのような意味や役割を持っていたのか、という文化的な検討を行う。それは、「飛島という地域に根付いた「魚醤」という食文化の背景を解明することを意味する。さらに、魚醤の特徴的成分および微生物に関する調査を実施する。具体的には、魚醤に含まれる遊離アミノ酸および含塩濃度の分析により、飛島魚醤の成分の特徴を記録に残す。

ここに書いたように、この研究の目的は飛島魚醤を後世に残すためのものだった。実際、第一次調査では、飛島魚醤の現状に驚き、「それならば可能な限り、文化や製法などを記録・保存をしよう」と息巻いていた。しかし、第二次調査で、より深く島の人たちと話をするなかで、それは僕らがうわべのことしか見えておらず、外部者のおごりであることを鮮明に突き付けられることになった。

COLUMN 1 発酵、魚醤の科学

奥野貴士

そもそも魚醤ってなんだ?

魚醤への理解と興味が深まればと思い、このコラムでは、魚醤樽の中で何が起きているのか、科学的な視点から案内を差し上げたい。そして「科学はわかんない……」という方にもできる限りわかりやすく図を交えながら解説させていただくつもりだ。

筆者も魚醤の魅力に惹きつけられた者の一人であるが、その魅力の一つは、樽などの中で長い時間置いておくことで、うま味が増す〝熟成〟という少し謎めいたステップにあるのではないだろうか。

そもそも魚醤とはなにか? 簡単に言うと、魚醤は魚介類の身や内臓に塩を加えて、熟成して作られる食品・食材である。その魚醤は、食卓に上がる際の形態的な特徴により「塩辛」「魚醤油」「醤（ひしお）」の三つに分類されることは「はじめに」でも説明した（石毛他1990）。「塩辛」は塩漬けにした魚介類の身などがある程度形態を維持しており、その固形物を食べるもの。「醤」は、魚介類の形が崩れて固形物と液体が混ざった状態のもので、「魚醤油」は、魚醤を漉（こ）すなどして得られた液体である。

三つの食材に含まれる成分は、製造に使う魚介類の種類や使用する部位に依存するため、成分など科学的な数値で三つの食材を区別することはない。魚醤と三つの食材の関係を整理しておくと、この本をより面白く読み進めることができると思うので図にしてみた［❶］。

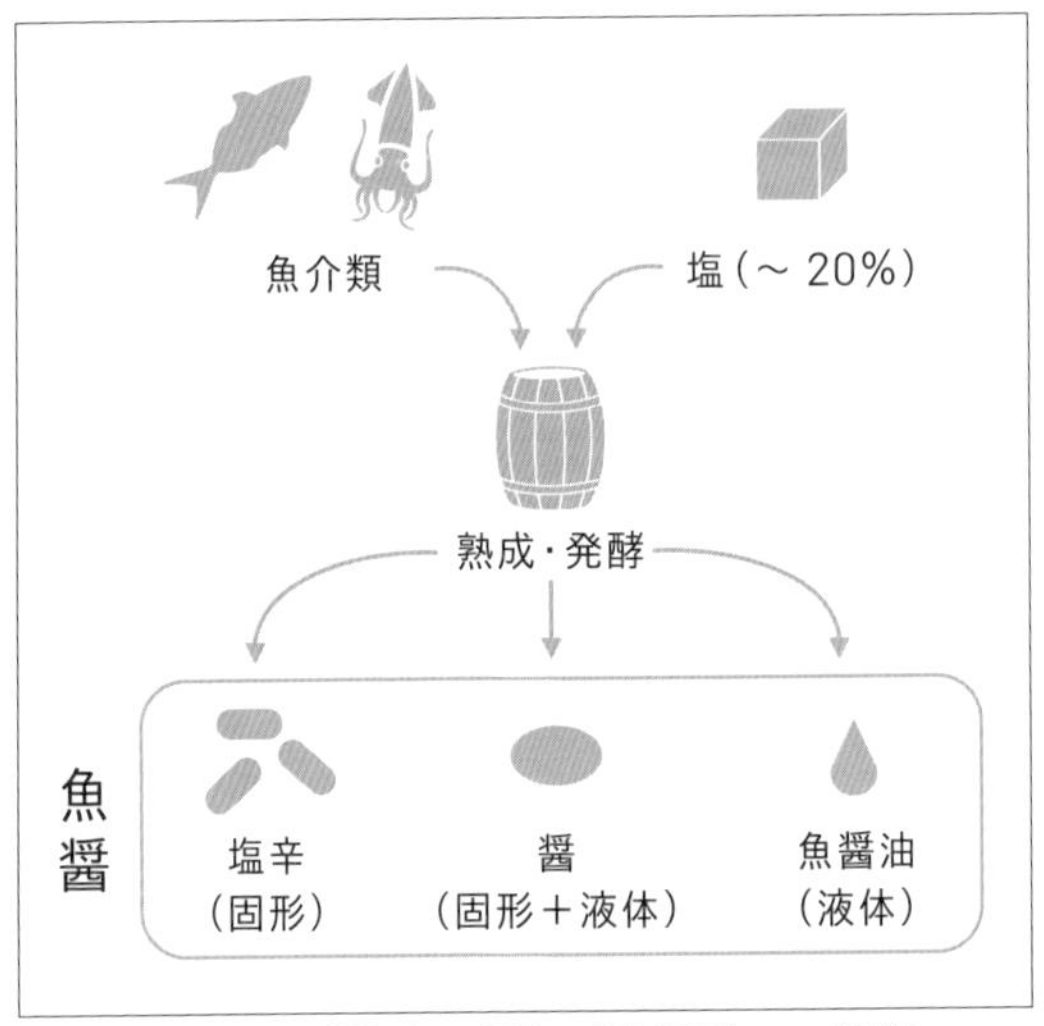

❶魚醤と「塩辛」「醤」「魚醤油」の関係

樽の中で何が起きている？――熟成とは――

魚樽の中で何が起きるのか簡潔に説明すると、魚介類の身や内臓を室温程度の環境で保存すると、魚介類自身の細胞が持っている酵素が働き出し、タンパク質の分解が始まる。さらに、樽の中にいる微生物の働きが魚醤の味作りに一役買っているようである。まず、魚介類の持つ酵素が、魚醤の味作りにどのような役割を果たしているのか解説をしていくことにする。

人が食べ物をおいしいと感知するのは舌である。舌には「甘味」「酸味」「塩味」「苦味」「うま味」の5種類の味を感知する味細胞というセンサーがあり、口に入った分子レベルの大きさモノを感知し、その情報を脳に伝える。唐辛子の辛さを好きな方もいると思うが、実は「辛い」というのは、痛覚や温覚が感知しているので、味覚ではない。脳では味覚、痛覚、嗅覚などの情報を統合し、たとえば「ブドウの味」とか、「味噌の味」として認識する。脳の処理能力は改めてすごい。

さて、魚醤の話に戻ると、魚介類を熟成させるとおいしくなる理由は、熟成することで身や内臓に含まれているタンパク質などが分解されて、舌のセンサーが感知できるほどの小さい分子が増えるからと説明できる。タンパク質、分解、分子ってなんだ？　タンパク質（プロテイン）は栄養だろ！　その通りなのですが、ちょっとだけ、私の専門の話にお付き合いください。

タンパク質がぎっしり詰まった細胞

細胞とタンパク質（酵素）の関係を時計に例えます［❷］。時計は時を刻む道具です。時計を構成するネジやバネ、軸受などのそれぞれの部品の機能はとてもシンプルである。その個々の部品が組み上がることで、時計は時を刻む素晴らしい機能を発揮する。ヒトの体を構成する細胞は、それぞれの役割・機能持っている。たとえば、味を感じる味細胞、光を感じる視細胞、腕を動かす筋細胞、代謝を担う肝細胞など。その細胞の中には、様々な種類のタンパク質がぎっしり詰まっている。タンパク質は酵素とも呼ばれ、一つか二つくらいの反応を進めることができる。細胞の中のタンパク質がそれぞれの反応を進めそれを組み合わせることで、複雑な細胞機能を発揮する。つまり、

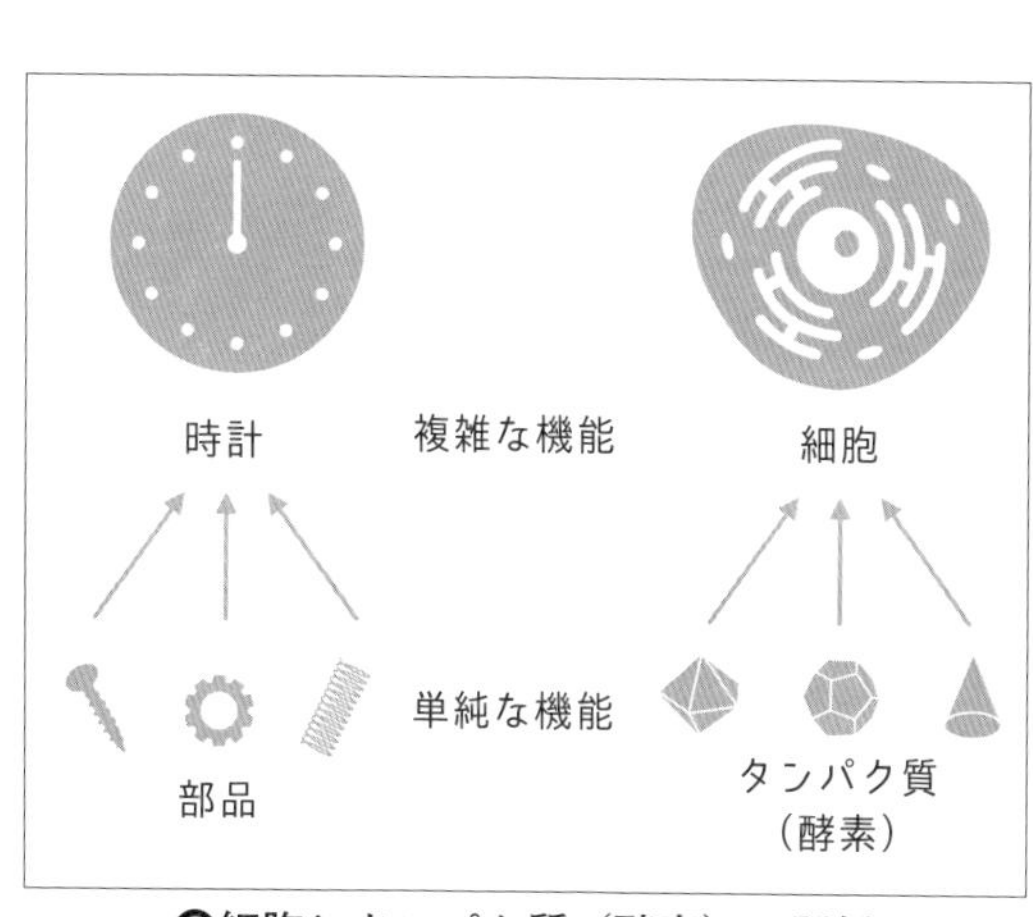

❷細胞とタンパク質（酵素）の関係

時計を細胞に例えるとタンパク質が時計の部品の役割になる。ちなみに、大腸菌の細胞の中には、おおよそ300万個のタンパク質が詰まっていると見積もられている（Rob2011）。

つながってタンパク質を作るアミノ酸

さて、その細胞機能を支える歯車のような役割を担うタンパク質は、アミノ酸という分子でできている。タンパク質はアミノ酸が数珠（じゅず）つなぎにつながった形の分子で、数珠を構成する玉がアミノ酸に相当し、そのアミノ酸の種類は20種類ある［❸］。細胞内にあるタンパク質の多くは平均値として300個程度からアミノ酸で構成されており、大きいタンパク質になると34000個のアミノ酸がつながったモノもある。20種類のアミノ酸は、味で分類することもできる。その分類方法はいくつかあるようである。うま味を感じるアミノ酸としてグルタミン酸が有名なところだが、実はその他のアミノ酸も人が感じる味として分類されている。ただし、タンパク質の中につながった状態のアミノ酸では、舌のセンサーに結合しにくく、それぞれの味として認識しない。細胞の中にはタンパク質を分解するプロテアーゼという酵素（これもタンパク質）が存在し、古く壊れたタンパク質を分解・再生し、細胞内の代謝を担っている。細胞の中のどこにでもプロテアーゼがあると、細胞機能調節に現役で働いているタンパク質を壊してしまい、細胞機能が成り立たなくなるため、通常はリソソームという細胞の特定の場所で機能している。

飛び出したプロテアーゼがうま味の秘密

ここで魚醤樽の中の話に戻る。魚介類を樽の中に入れて置いておくと、細胞が壊れる。後述するが、塩の添加による浸透圧差（しんとうあつさ）の影響で細胞が壊れ、プロテアーゼが細胞外に出てくることにより、普段

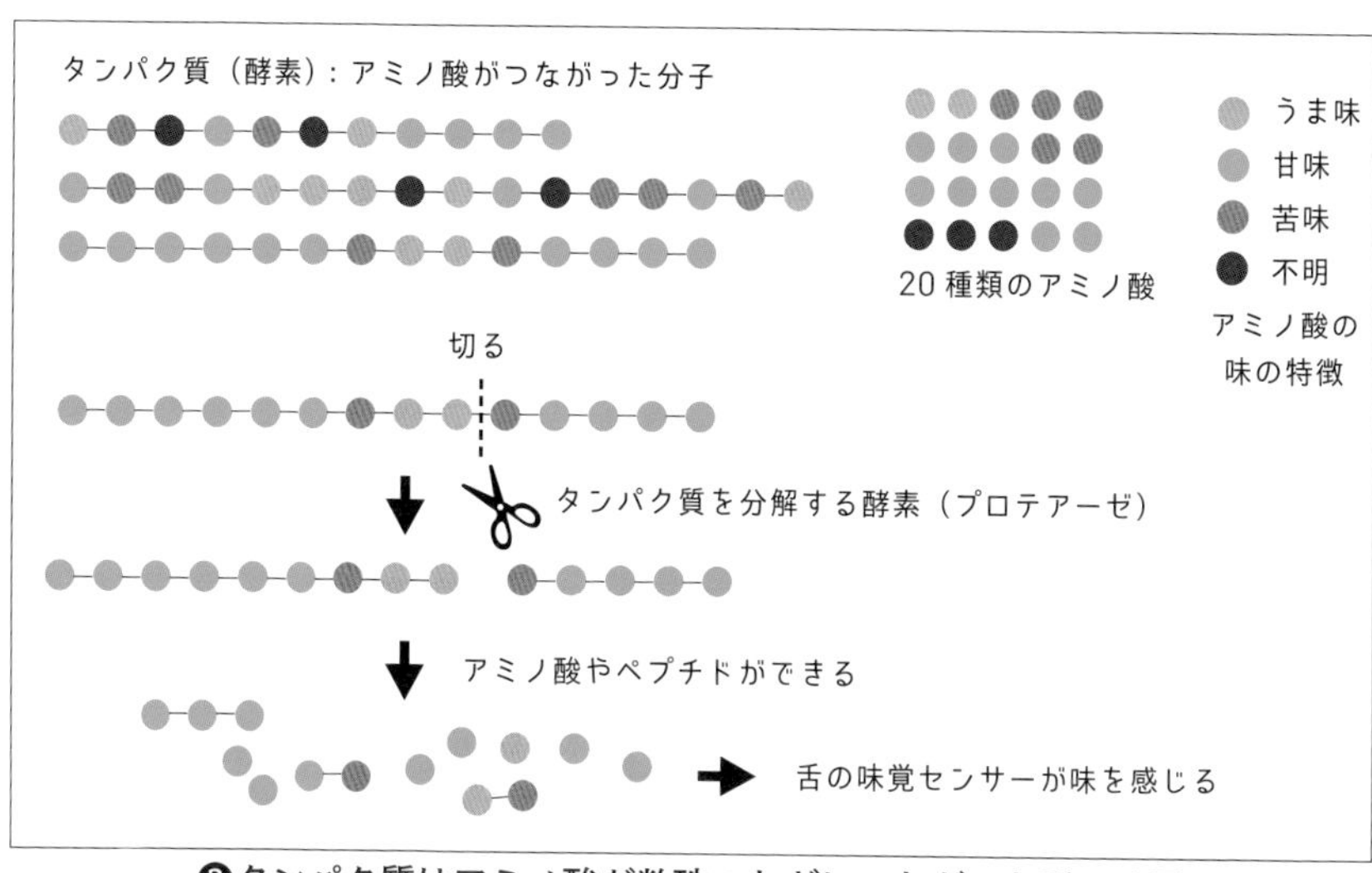

❸タンパク質はアミノ酸が数珠つなぎにつながった形の分子

の正常な細胞内ではプロテアーゼが出会わないタンパク質に出会ってしまい、プロテアーゼはタンパク質をどんどん分解が進行する。プロテアーゼによるタンパク質の分解が進めば進むほど、アミノ酸が遊離（ゆうり）してくるので、熟成が進むほどうま味の含めた味が濃くなっていくということである。

つまり、魚醤樽ではイカの身をイカ自身が分解する反応が起こっている。自分の財産を食い減らすことを表す「蛸は身を食う」ということわざがあるが、魚醤は「イカも身を食う」である。

たとえば、イカとタコは違う生き物で、染色体（DNA）が違う。では、染色体の情報には何が描かれているかと言うと、その一つがタンパク質の構成するアミノ酸配列である。つまり、当然だが、イカとタコの細胞内のタンパク質の種類や数は異なる。そうすると、そのイカ細胞由来のタンパク質を分解して生成するアミノ酸の組成とタコのそれとは異なる。つまり、魚醤を作る際に遊離してくるアミノ酸の組成は、使う魚介類の種類や部位によって異なり、したがって味にも違いがあるということである。

魚醤に入れる塩の役割――樽の中に広がる微生物の世界の未知（発酵）――

魚醤作りには大量の塩が欠かせない。次に、魚醤における塩の役割について紹介する。

その大きな役割は、腐敗を防ぎながら熟成を進めることにある。もう一点は、高塩濃度（こうえんのうど）による生じる浸透圧差により細胞を壊す働きもある。わかりやすい例で言うと、梅干し作りの際に、生梅に塩を加えると梅酢（液体）がたくさん出てくる。あれも、浸透圧差の影響で、細胞内の水分が外に出てくるが、植物の場合細胞壁があるので梅の形が壊れることはなく維持されるが、細胞壁を持たない魚介類の場合、塩を加えて置いておくと水分が出るとともに、細胞が壊れるために、身が柔らかくなる。

さて、塩を入れると腐敗が抑えられる理由について簡潔に説明すると、濃い塩がある環境では、嫌なにおいや味を損なう微生物の増殖を抑えることができる。さらに高い塩濃度の条件下でも増殖できる微生物も我々の生活環境でも（見えないが）身近に存在しており、高い塩分濃度の環境下の魚醤樽の中にも、様々な種類の微生物が検出、研究されている。魚醤樽に存在する微生物は、アミノ酸を含む栄養分を取り込み微生物細胞内で利用され、魚醤の中にアミノ酸を含む様々な分子を輩出している。つまり、魚醤が熟成される過程で、魚醤樽の中の微生物は魚醤の味や風味作りに一役関わっているということだ。微生物が魚醤の熟成に関わるので、発酵と捉えることができる。しかし、現時点で、魚醤樽に入っている微生物種類やそれぞれの微生物が熟成のどの段階にどの程度寄与しているかは不明な点が多く、今後魚醤の成熟過程における菌相の変化や成分分析の網羅的な解析により、魚醤の発酵過程の全貌解明が期待される。

第3章
飛鳥行き
研究チーム発足

白石・松本・奥野・高木・五十嵐

研究へ辿り着くまでと、
飛鳥魚醤に思うこと。

夕暮れの飛島。撮影＝五十嵐悠

研究チームの結成

研究というのは、なんとなくシステマティックで客観的なイメージがあるかもしれない。僕は、考古学以外の世界はあまり知らないけれど、研究の世界は、たぶんに人間臭さがある世界だと思う。たとえば、かつて僕が通っていた明治大学考古学研究室では、近くのアミ（今はもうない）という神保町にあるお店で、先生や学生が本当に頻繁に飲んでいた。もちろん、他のお店にも行くのだが、アミはその代表格と言ってよかった。先生に、「なぜ、そんなに通うのか」という質問をしたら、「よく通うからこそ、たとえば学会で急に懇親会場が必要になったときにも、無理して開けてもらえるんだ。信頼関係がないところだと、ダメだろ?」と言われ、学生の頃はそういうものかなと思っていたけど、今では強くうなずくことができる。実際、シンポジウムや研究会を開催するようになると、懇親会の会場を見つけるのは、結構大変である。

また、大きな大学だったので、全国各地に卒業生がいることもあり、調査などでお世話になると、よく飲みに連れて行ってくれるOB・OGも多い。そうした場で、いろいろな情報や機会をいただき、勉強させていただいてきた。まあ、大変なことがないとは、言わないけれど（笑）。ちなみに、明治大学に限らず、他の大学も結構似ていると思う。今でも、シンポジウムや研究会の時間よりも、そのあとに、飲んでる時間の方が長いときもしばしある。しかし、そこで新たな研究が生まれたりしていることも事実なのだ。

話が逸れてしまった。何を言いたかったのか、というと、研究を円滑に進めていくには、人との関係が非常に大切だということである。「こんな研究してみたいな」と思っても、一人でやれることには限界がある。面白い研究を行うためには、いろいろな人とたくさんの議論をして、練り上げていくことがすごく大切だと思う。でも、研究者である前に、お互い人間なので、フィーリングが合わないとうまく研究を続けることは難しい。今回の飛鳥魚醤の研究チームは、よい意味での人間臭さのある人たちに集まってもらえたと思う。そんな人たちが何を考えて、飛鳥魚醤に着目したのか。ここからは本人に語っていただくことにしたい。（白石哲也）

よりよい未来を模索するために——人類学・松本剛

私の専門は人類学である。山形大学の人文社会科学部人間文化コースに所属し、普段は社会文化人類学やアンデス考古学といった授業を担当している。簡単に言えば、人類の社会や文化についての研究を行い、それについて教えている。今回私がどのような関心から飛鳥塩辛の研究に参加したのかを説明するのに、人類学という学問について簡単にお話しておこうと思う。

四つの下位領域からなる人類学

私が学位を修めたアメリカでは、人類学（Anthropology）は、社会文化人類学、自然人類学、言語人類学、考古学という四つの下位領域として位置づけられていた。アメリカ合衆国という国は、主に16世紀以降に侵入してきたヨーロッパ系植民者によって建国された。そんな彼らにとって、入植以前から新大陸に暮らしていたネイティヴ・アメリカンは、見た目も言葉も習慣もまったく異なる「完全なる他者」だった。人類学はある時点まで、ネイティヴ・アメリカンをはじめとする、このような他者についての理解を深めようと努力してきた学問である。「人間とはなにか」という包括的（ほうかつてき）な問いのもと、文理の境界線を持たずに、人間という存在にできるだけ多角的にアプローチしようと、上記の4領域が手に手を取って始まった。

たとえば社会文化人類学者たちは、研究対象となる集団に入り込み、同じ言葉を話し、同じものを食べ、彼らとともに長期間暮らすことによって、彼らを内側から理解しようと努めた。一方、自然人類学者や言語人類学者は、それぞれ「身体」、「言語」という概念を中心に据え、同じく人類について考えてきた。考古学も、日本やヨーロッパのように自分たちの過去についての研究（つまり歴史学の一部）ではなく、この人類学のなかに組み込まれ、地中に残された物的痕跡から「他者の過去」について考える学問となった。私が研究対象としている、今から約千年前に現在のペルー共和国の沿岸部に暮らしていた人々も、そんな視座のもとで研究されてきた。

自己を見つめ直し続ける人類学

地域や時代にかかわりなく、あらゆる「他なる存在」に目を向け、その多様性に心を開くなかで、人類学者たちは自分たちにとっての当たり前な考え方・やり方は、他にもあり得たかもしれない、たくさんのオプションのなかの一つに過ぎず、異なる考え方・やり方の間に優劣の差などないということに気づいた。これが「自己を相対化する」という、人類学が最初に手に入れた重要な基本スタンスだ。しかし、自分とは異なる存在（やその物的痕跡）を目の当たりにし、そのあり方やロジックについて思索していると、人は否が応でも「自分」というものを意識させられることになる。なぜなら、人はそれまで知らなかった何かについて考えるとき、すでに知っている別の何かとの類似を手がかりにするからだ。この過程で、人類学者たちは、自分たちのなかにあって、それまで当たり前と思って意識もしなかったような、ましてや批判の目を向けるようなことなどなかった数々の常識や前提と向き合うことになる。

すると、私たちの世界についての認識や理解に対しての信頼が揺らぎはじめる。私たちが認識する現実は、私たち自身が持つ文化的要素によって大きく影響を受けている、という気づきだ。人類学者はフィールドワークにおいてそういった認識論を持ち込み、他者を己の文化的フィルターを通して観察していた。その結果得られた他者理解など、西洋の学問において使い古されてきた概念によって理解可能なものとして安易に解釈されたものに過ぎない、それを記した民族誌など、人類学者によって構築されたフィクションに過ぎない、という批判が沸（わ）き起こった。そして、とうとう「私たちは本当に事実を把握できているのだろうか」という自己不信に陥り、「そもそも他者理解など可能なのだろうか」という袋小路に自らを追い込むこととなった。

こうして、かつて他者理解を目指していた人類学は21世紀に大きな転回を迎えることとなった。他者を理解しようとしていたつもりが、自分のなかに思い描く他者は、実は自分がよく知る馴染みの概念が作り出したフィクションに過ぎなかったのだ。さらには、現実は一つであり、その認識の仕方（つまり文化）が違うだけであるという前提も崩れた。新たな民族誌データが蓄積されていくなかで、多様な人類は一つの現実を異なる認識の仕方で捉えているのではなく、そもそも自分たちの世界とは異なる存在論のもとに成り立つ世界がいくつもある可能性を認めなくてはならなくなった。

こう考えてみると、人類学とは、当たり前をひっくり返し続けながら、他者という鏡に映る自己を見つめ直そうとする再帰的な学問であると言える。その転回のたびに、人類学者は痛みを伴いながら自らを変化させてきた。つまり、人類学者であるということは、他者との交わりを通して、己についての理解を深め、変化させていくことなのだ。イギリスの人類学者ティム・インゴルドは、「人類学とは他者とともに学ぶことだ」と主張している。人類学をこのように捉えることは、これまでの客観的な他者理解という目標を捨て、人新世とも呼ばれる困難な時代を「よりよく生きるための学問」へと変貌させることにつながる。

目指すべきは他者理解ではなく、ともに未来を創ること

その意味では、先史時代のアンデスの人々に関わろうとすることも、今回のように現代の飛鳥島民に関わろうとすることも、何ら変わりはない。もはやどちらも目指すべきは他者理解ではない。私は、彼らと向き合うことで自らを知ろうとしている。そして、そこから得られる気づきを通して、現代社会をよりよく生きようと思っている。透明人間のような立ち位置から飛鳥の人々や彼らの伝統文化を客観的に観察・理解しようとするのではなく、彼らと積極的に交わり合いながら、ともによりよい未来を模索する場を創出したい。そして、この人類学的模索には終わりがない。転がる石のように形を変え続ける試みである。

そして、最後に一つ。以上は、飛鳥塩辛に対する人類学者としての関心について述べたが、プロジェクト参加を決めたのには、実はもう一つ理由がある。それは、飛鳥塩辛が発酵食品だ（と思った）からだ。白石さんと同じように、私もこれまで発酵を考古学の観点から考察し、先史アンデスでよく飲まれた「チチャ」と呼ばれる発芽とうもろこしから作るビールの製造プロセスを明らかにしようとしてきた。それは普段から発酵に関心があったからでもある。自然栽培で育てた野菜でぬか漬けを作ったり、狩猟で手に入れた獣肉で生ハムを作ったりしてきた。実はコロナ禍での家づくりの際にも、「素材が発酵して古民家のように何百年も保つ家をつくる」という理念のもとで家づくりをしている工務店（古民家ライフ株式会社）を選んだ。発酵は私にとってとても重要なキーワードなのである（詳しくは私のコラム❹「世界の発酵、調味料」をご参照ください）。

細胞膜と西洋ナシそして魚醤――生物物理学・奥野貴士

私の専門は生物物理学である。生物と物理学が一緒？　と思われるかもしれない。生命システムの本質を物理学的なアプローチから理解しようとする学問である。私は細胞膜に焦点を絞り、細胞膜システムの未知の解明に取り組んでいる。未知の解明には様々な手段があるが、私は、早くて簡単な方法で、細胞膜に存在する膜タンパク質の構造や機能を解析できるシステムを開発している。そんな私が魚醤の研究に参画させていただけた経緯を自己紹介とともに説明する。

細胞膜を表現する研究

私は三重県の伊勢市に生まれて高校まで育った。海に面した街だが、小さい頃は〝学区〟と言うモノがあり、自由に海に行ける環境ではなかったので、海よりも山を身近に感じて育った。小さい頃の海産物の思い出は、行商の方が自転車にトロ箱を載せて売り歩き、その海産物を母が買っていたときの独特の香りだ。

そんな私は、高校の頃から分子の世界に魅了され、大学では化学を専攻し、金属触媒の合成とその触媒活性の評価を担当した。私の研究生活における習慣(?)は、今考えると長所だと思うのが、師匠(先生）をいかにして越えるかだった。基本、師匠が考えたアイデアにもとづくモノを合成し、機能評価をするが、実験室にある試薬を使い、自分なりにデザイン、合成もしていた。結局そんなモノはうまくいくはずはないが、そのマインドは大切な力の一つであり、それを見て見ぬふりしてくれた師匠に感謝である。博士課程、研究員を経てタンパク質の扱い方や測定方法を習得していった。そして、現在の研究対象の一つは細胞膜とそこで機能する膜タンパク質である。私がこの研究に取り組む理由は、まだ我々は細胞膜の様子を正確に捉え、表現（理解）できていないことにある。細胞膜には、我々が想像すらできない世界がまだまだ広がっており、私はその表現するための道具を作っている。

西洋ナシ畑の環境を表現する研究

一方で、私は山形大学着任時に細胞膜だけでなく、山形の地域に焦点を当てた研究を立ち上げたかった。私の子どもが育つ山形にて、日本・世界から魅力的に映る仕事があればと、漠然と考えていたができる保証もないし、その手段もわからなかった。しかし、山形県は果樹栽培が盛んであり、果物をテーマにした研究に興味があった。

着任して数年後、学祭で研究室を一般公開した際に、上山市（かみのやまし）の農家の方と知り合い、果樹園にお邪魔することになった。上山市では西洋ナシ（ラ・フランス）を葡萄棚のように栽培する県内でも特徴的な棚仕立て栽培が盛んな地域である。お邪魔した畑には、果樹が整然と並び、立派なラ・フランスが綺麗に実っていた。研究の大切な要素の一つは、研究対象に興味を持つことであり、私が西洋ナシの研究を始めるきっかけとして十分であった。そこから上山の様々な方に出会い、教えていただきながら、私ができることを探していった。そうして上山の果樹栽培の課題の一つに、凍霜害（とうそうがい）があることがわかった。春先に蕾（つぼみ）や花が冷気に晒されると、雌蕊（めしべ）が壊死し結実せずに収穫量が減る。調査をすると凍霜害がひどい地区とそうでない地区があった。もう少し調査の解像度を高めると、道筋一本、数十メートル異なるだけで被害状況が変わることもわかった。要するに上山市に点在する果樹園で冷気の当たり方がわずかに異なり、そのわずかな差で被害が変わる。そのわずかな環境の差を、農家は感覚ではわかっているが、計測・可視化されていなかった。

現在、上山市と共同で園地環境をリアルタイムにスマートフォンで確認できるシステム「かるほく」の運用を始め、収集データを使い災害対策などへの利活用へと進めている。上山市の素晴らしいところは、組合や生産団体がそれぞれに所有していた計測データをかるほくシステムに集約し、みんなでシェアし活用できる街づくりにある。

細胞膜と西洋ナシの研究の共通点

この仕事を振り返ったとき、細胞膜の研究とラ・フランスの仕事で、思考があまり変わらないことに気づいた。実験室ではシャーレ内の細胞を顕微鏡で撮影し画像データ解析しているが、同じように、上山市というシャーレ内で果樹園に入る冷気を地図で表現し画像として冷気の流れを理解しようとしていた。細胞と西洋ナシという、まったく異なる研究対象ではあるが、結果として同じ視点で研究対象を明らかにしたに過ぎなかったのに、少し驚いたが、ある意味納得した。

上山市での活動は10年近くになる。この活動を通じ、農家の高齢化と減少とそれを起因とした孤立の進行を体感してきた。満潮と引潮があるように、その流れを否定することなく、子どもたちがその変化を前向きに捉えることが大切と思い、常にポジティブに物事を捉えるようにしている。子ども向けの科学教室でも彼らにそのように伝えてきたつもりである。そんなことをしていたところ、魚醤の研究をする白石さんと松本さんに出会った。白石さんと松本さんが飛島に魚醤を調べに行くことを聞いていた奥野の気持ちは、「飛島の魚醤はまだ誰も調べたコトがないから、面白い」「魚醤の成分を調べることでこれまでとは違う科学の見え方や価値観があるかも」と直感で思った。並行して、上山よりも人口減少が顕著な飛島の知見を得ることは、西洋ナシの研究においても必ずプラスになると思った。なにより、白石さんと松本さんがフランクに話す雰囲気、研究に対する姿勢が、奥野と合っているかもと思い、おもわず「私も飛島に行きます！　何ができるかわかりませんが、試料の保存や分析はできると思います」という声が出た。

魚醤の可能性を世界から探す――山形県水産研究所・高木牧子

資源利用部の初代研究員

私は現在、山形県水産研究所で主任専門研究員として働いている。水産研究所はどんな研究をしているところなのか、なかなか一般の方には知られていないかもしれない。鶴岡市加茂という場所にあるのだが、初めての方に場所を説明するときは、「クラゲで有名なあの加茂水族館の近くです」とご近所さんのお名前を出す。すると「あ〜、あの辺に何か建物あるね」とわかっていただけるが、次に「ところで何しているの？」というのはよくある会話である。

そもそも私たちの研究は、主に漁師さんに役立つことを目的としてきたため、一般の県民の方へのアプローチが少なかったことは事実である。しかし、業界からの研究要望の変化に伴い、平成30（2018）年度に「資源利用部」が新たに設置された。私はその資源利用部の初代研究員として新設当初から現在まで在籍しているが、今までの水産研究所では重きを置いてこなかった「鮮度保持」や「水産加工」の分野を扱っている。そのため、研究の先には漁師さんだけでなく、魚屋さんや飲食店、そして最終的に魚を食べる消費者があり、今までよりも幅広い県民の方に対するアプローチが求められるようになっている。最近ではより多くの方にとって私たちの研究が身近なものとなるよう、公式のインスタグラムを始めるなどして情報提供の方法については試行錯誤している（もしよろしければ、こちらのインスタグラムアカウントをのぞいてみてほしい。@yamagata_oishisakana_labo)。

タイへの出張

実は最近、タイからとてもうれしいメールがあった。メールの送り主は以前山形県酒田市の農林水産部長として出向されていた水産庁の中里智子さんであった。中里さんはとても気さくな方で、私の高校と大学院の先輩ということもあって当時は大変お世話になった。メールの内容は「ASEAN 諸国の行政官向けの研修において IKE-JIME の講師をしてくれませんか」というものであった。中里さんは現在はタイに拠点がある SEAFDEC（東南アジア漁業開発センター）に事務局次長として赴任されているということで、思いもよらないメールがタイから来たのである。２０２３年にホームページ上で公開した私の研究成果「庄内浜鮮度保持技術ガイド」を SEAFDEC のスタッフの方が見つけ、お声がけくださったそうだ。最近では東南アジアでも寿司などの日本食の人気が高まっており、それに伴って魚の鮮度を保つ方法として「活け締め」や「神経締め」という技術が注目されているということだった。タイの水産事情については無知であったが、私でお役に立てればと二つ返事でタイに行くことにした。

ところで、もともと「活け締め」という技術は、魚の鮮度を長持ちさせるためのものとして紹介されていることが多い。最初に私が資源利用部の研究員になったときは、「活け締めって何をどうすればいいの？」というレベルのまったくの素人であった。いろんな本や論文を読んでも、「活け締め」

といってもそのやり方はバラバラで、結局どうすればいいのかわからなかった。それなら自分で一番よい方法を見つけようと決意し、手始めに、漁師さんたちが日頃どのような手順でマダイを活け締めしているのか調査した。すると、調査した36名の漁師さんが行っている活け締めの方法は少なくとも9通りもあることがわかったのである。こんなにいろんな方法があるのに、その効果は一緒なはずはないだろう？　というのが最初の感想であった。検証を進めると、やはり一言で「活け締め（神経締め）」と言っても、手順が異なると得られる効果も違うということがわかってきたのである。上述のガイドは、目的に応じて締め方を選択できるという点にこだわって作った。方法を一つに統一する方が一時的なコスパはいいのかもしれない。しかし、目的に応じて方法を選択できる引き出しを多く持っておくことの方が、時間はかかるかもしれないが結果的に刻々と変化す

おいしい魚加工支援ラボのインスタグラムアカウントでは、マダイの脂質含有量や各魚の締め方などを紹介している。
@yamagata_oishisakana_labo

る激動の自然に柔軟に対応できる力となると信じている。

タイでの講習の参加者はASEAN諸国の行政官で、日本で言うところの水産庁の職員のような方々であった。私は各国の人に「お寿司は食べたことがある？」と聞いてみた。確かタイ、フィリピン、マレーシア、ベトナムの彼らは「寿司は大好き」と答えた。しかし、深く聞いてみると、マグロとサーモンしか食べたことがないと言う。水産関係の方はよくわかると思うが、この二つは基本的に冷凍で流通するもので、本当の「生」ではない。夕食には近くのショッピングセンターに行っておのおの好きな店で食事したのだが、そこでは大げさではなく8割以上が寿司やしゃぶしゃぶなど日本食の店であった。店の前にあるメニュー表で寿司ネタをチェックすると、ほとんどがマグロとサーモン、たまにエビやカニがあるが火が通ったものである。そうか、東南アジアの方たちは「本当の生の寿司」をまだ食べたことがないんだと理解する一方で、これからの水産業の無限の可能性を感じワクワクを覚えた。

ハラール適合の魚醤づくり

今回の私の「IKE-JIME」講習で特に印象深かったことがある。それは議論の中で出たムスリムであるフィリピンの方の意見であった。ムスリムはイスラーム法において合法な「ハラール」であるものしか口にすることはできない。豚肉や酒など食材そのものが禁止されているものもあれば、動物に苦痛を与えない方法で殺されているかなど、しかるべき手順に沿って処理された食材を使わなければならない。そんな彼らが私の講義を聞いたあとに、「IKE-JIME」という処理はハラールに適合できるのではないかという認識を示してくれた。私はそれまで活け締めとハラールというものを結びつけて考えたことがなかったため、まさに新しい視点が開けた気がした。ちなみに、日本の醤油は製造過程でアルコールが発生するため、ムスリムは利用できないそうだ。そう考えると、魚醤はどうなのであろうか。タイのスーパーで見たナンプラー売り場の広さと品数に圧倒され、そのときは文字も読めずなにがなんだかわからなかったのだが、今写真を見返すと「ハラール」適合の魚醤とそうでない魚醤などに分類されていたようである。

魚を生で食べるという文化は急速に世界に広まっていて、おいしい魚を求めて日本を訪れる外国人も増えていると聞く。今回のタイ出張で多くの国の方と話すことで、新たな視点にも気づくことができた。これからはいかに多様なニーズに対応できるかが重要になってくると思う。そのうち、悠さんと一緒にハラール適合の魚醤づくりにも挑戦してみようかな。

研究職から見る地元の海——山形県水産研究所・五十嵐悠

現在、私は山形県水産研究所で県産水産物の付加価値向上を目的とした加工品開発を中心に研究を

行っている。入庁後すぐ配属になり、今年で3年目だ。近年、本県の漁獲量が減少している中で、漁獲できたものの価値を最大限に高められるような方法を研究し提案するというのが我々の使命である。ここでは、私が現在の職種についた経緯や、このたびの飛島魚醤研究に参加することとなったきっかけについてご説明したい。

好奇心を満たすために大学進学

私は庄内地域に生まれ育ったが、とりわけ海が好きというわけではなかった。むしろ海水浴は避けていた方だし、釣りをしたいと思ったことは一度もなかった。そんな私は、何を思ったか、水産系の大学に進学した。

高校2年生の夏、私は進路に悩みまくっていた。進路として考えていた理学療法士の職業体験をしてみると想像とまったく違ったからだ。思い描いていた近未来が白紙になったような気分だった。当時の自分は、大学は目指す職業があって、それに直結するような資格や知識を得るために行くところだと考えていたため、なりたい職業がなくなった私は、進学せずそのまま就職しようかとも考えた。しかし、両親も祖父母も大学進学について前向きに捉えてくれているありがたい環境があったため、それを無下にもできなかった。こうなったら、モラトリアムというやつを思い切り満喫してやろうと思い、好奇心を満たすためだけに大学進学することを決めた。とは考えつつも、自分の興味関心や勉強したいことがわからなかった私は結構悩んだ。その年の正月に、新聞の大学紹介を眺めていたら姉がこの大学がいいんじゃないかと東京海洋大学を勧めてくれた。そのとき、何か妙に惹かれるものがあった。私は海がとりわけ好きなわけではないが、小さい頃放課後に祖母と姉と海を眺めに行ったこと、雰囲気が好きでよく加茂水族館に行っていたこと、家庭では当たり前に地魚を食べていたことなど、実は海って身近な存在だったと気づいた。身近でありながら、深くは知らない海というものを勉強してみるのもいいかもしれない。また、高校で理系コースに属しながらも文系にも興味があった私にとって、文理融合型の学科があったのも魅力的だった。姉の助言と自分の直観を信じて受験勉強を乗り切り、希望の学部学科に合格した。余談だが、入学する直前にディズニー映画『モアナと伝説の海』が公開され、やっぱり時代は海なんだよな、などと勝手に納得していた。

人によって印象の異なる海

大学では、海全般についての基礎学習に加え、水産物の流通やマリンスポーツについて学んだり、時には文学作品を通して時代や地域ごとの人々と海の関わりを学んだりした。改めて、海というものはその人がどういう関わり方をするかで、印象がまったく異なり、だからこそ多くの人が惹かれる存在なのだと思った。特に大学生活で印象に残っているのは、年に1回程度の漁村や水圏コミュニティで実施されるフィールドワーク実習だ。訪れる地域の水産業について学び、課題解決を考えるといったもので、在学中に5カ所を訪ねた。これらの実習では、事前学習として地域のことをそれなりに頭に入れた状態で実習を行うのだが、現地に行くと印象が変わることが衝撃的だった。行くからこそわかる交通アクセスのよさや悪さ、土地の空気感、食べ物の味や水産に携わる方の雰囲気など、そこに行かなければわからないことしかなかった。現地に行かずにその土地のことをわかった気になってはダメだったのだ。一方で、常に地元の庄内地域のことを思い浮かべた。大学で勉強したあとの自分が見る山形県の水産ってどうなんだろうか、と。私は、きっと自分が知っていたよりも魅力的に見えるんじゃないかと。なぜなら、実習で訪れた先のいずれでも漁業者の熱意や地域の方々の生の声を聴くことで、よりその土地が魅力的に見えるようになったからだ。きっと地元の海も、まだ知らないだけで、水産に携わる人と関わり、熱意や思いを知ることで、より魅力的な場所だということに気づくんじゃないか。地元に戻って就職したいと考えるようになったのは、このような経緯からだ。また、東京で過ごした４年間、バイトの同僚からは「山形県って海あるんだっけ」と聞かれて衝撃だった。なかなか山形県の水産物やその情報に触れる機会がなく、想像以上に認知度が低いと感じていた。おこがましくも庄内浜に何か貢献したいという気持ちが強くなった。

想定外だった研究職

なんとか水産職として山形県へ入庁が叶ったが、研究員になることは少し想定外だった。水産職には、魚食普及など政策によって水産振興を担当する部門と、漁場調査や増殖技術および利用加工に関する研究をする部門（いわゆる研究員）がある。研究員になる可能性があることは承知していたが、大学生活で学んだ内容などを踏まえると前者を担当することになると勝手に思っていた。試験管を触ったこともない自分に何ができるんだろう、少し絶望していた。しかも、資源利用部という利用加工の部門だということで、仕事の一環として魚醤の研究（水産資源活用強化事業費〈令和3年度〜令和5年度、山形県水産業振興費〉で実施）を継いでほしいとのことだった。正直、魚醤か……と思った。私はナンプラーが苦手ゆえ、エスニック料理を避けていた。自分が担当するということは食べないといけないんだよな、と初めは気が乗らなかった。しかし、未利用魚という問題を解決する一手段であることや、全国的に魚醤が作られていることを理解すると、見え方が変わった。また、仕込み初期に毎日かき混ぜ、においに慣れ、少しずつ熟成が進んでいる様子を目の当たりにして愛着が湧くようになった。所内での試食会で特有のにおいに対し文句を言った職員に少し腹が立つくらいには魚醤が好きになっていった。

魚醤の研究を続けていたある日、奥野さんから飛島の塩辛分析についてお話があった。飛島の塩辛については、入庁初期に関連資料をもらって読んだ程度の理解だ。正直、文章を読んだ

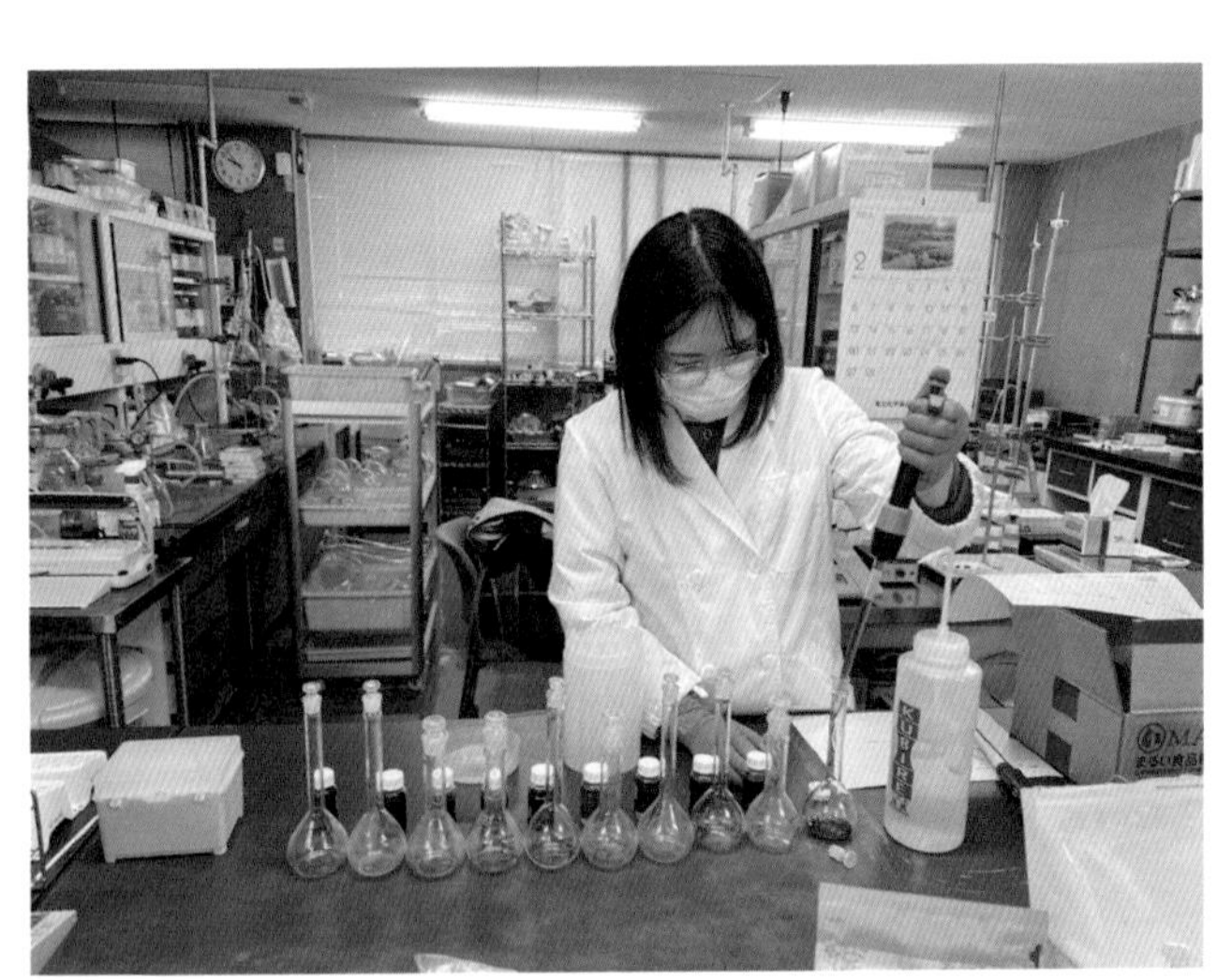

試験中の様子

だけでは製法の詳細がわからず、一体どういうもの食べ物なのかも想像できていなかった。塩辛なのか魚醤なのか気になってはいたものの、近年はほとんど出荷されておらず調べる術もないな、と思っていた矢先でのお声がけだったので、正直ラッキーだった。庄内出身でありながら飛島に一度も訪れたことがなかったので、この機会に同行させてもらえないか頼んだところ快諾いただき本当にありがたかった。後日、よく同行しようと思いましたね、と白石さんと奥野さんから言われたときは、確かにと我ながら思ったが、これこそ私が大学で学んだことなんだろう。実際に飛島を訪れたからわかった塩辛のにおい、味、住民の方のお話や表情、飛島全体の雰囲気が、自信の経験となっただけでなく、本書の塩辛に対する理解の深化に貢献できていたら幸いだ。

飛島に到着した調査メンバー。いよいよ飛島魚醤の調査が始まる。

調査メモ❶
長浜さん

（第二次調査：2023年7月18・20日実施）

イカの塩辛作らねば、
魚醤なんかまずいらない
わけだけどもよ

長浜さんの作業小屋にて
塩辛を作るためのメモ書き
日記のように書かれ
自分の経験を追うことができるようになっている

「調査メモ」では第二次調査を抜粋してお届けする。飛島のイカの塩辛づくりはどのようなものなのか、そして、魚醤はどうやって使われているのだろうか。現在の飛島の暮らしもあわせてお聴きした。

最初は法木地区の長浜さん。第一次調査でもお話を聴き、現在も魚醤を作られていると飛島総合センターの方からうかがった二人のうちの一人だ。

「魚醤はまず、イカの〝ゴロ〟っていってんだけども、最近はイカがないもんだから、イカのゴロ、（つまり）肝臓をまず獲ることできないし、イカもなかなか獲れないもんだからよ。不漁だっていう話は聞いてっけども、それで、塩辛をまず作ることはできないんだ。塩辛作れば、魚醤が出てくるわけだけどもよ」。

イカの不漁は魚醤に直結しているのだ。

「だいぶ昔、何十年も前には、イカの塩辛、ビール瓶さ入れてたわけだけれども、ビール瓶で３００本も４００本も作ったなや。今は島で作ってんのはねぇあんねがの」

当時はどれぐらいの人たちが作られていたのか。

「法木のほうでも60～70軒ぐらいは作っだの。隣も作ってだのう。大っきい船あればイカみんな獲ったもんだもの」。

長浜さんは、歳も歳なので大きい船はそろそろやめようかと思っている。

たくさんイカが獲れたときは、イカの塩辛の他に何を作っていたのだろうか。

「塩辛とあとするめも作ったなや。あとは、いっぱい獲れたときは、自分の船で酒田の方さ生で積んでいった。千も二千も獲ってた」。

「トビウオも一匹も揚がらねえし。あど、6～7年もなるあんでねが、揚がらねぐなってがら。どうなったんだが。どうもなんねの」。

なぜこれほどまでに魚がいなくなったのか。海藻もないと長浜さんは話す。ワカメも全然だめで、「黒くない」という。水温変化のせいなのか、サザエもいつもの三分の一くらいしか採れない。

長浜さんの作業小屋にある、魚醤樽

またイカについては、昔は一本の釣り糸に二つの針だったのが10本の針になり、機械化が進んで、獲りすぎたのではないかともおっしゃっていた。よい道具は最終的に自分たちの首を締める、令和元年にできた立派な漁業試験調査船・最上丸の水温や漁獲量などの調査結果を組合に出してもらえればありがたいとも。

これから漁師の人たちは何に頼っていくべきなのか。

「俺はマグロはやってないけども」マグロは今かなり獲れるようだ。マグロは規制していたから最近獲れ始めるようになったのかも、と。

漁師をやっている人には厳しい時代だが、職業はどう変わっていくのだろう。

「俺がたには漁師しかないわけだからのう。まず魚を獲るしかない。あとサザエを採るしかない。30とか40とか(笑)それしかねえや」。

長浜さんいわく、同じくイカが山のように獲れていた函館は加工場も多くあり、塩辛づくりをしている会社に卸していたという。しかし、飛島のものとはやはり違うようだ。

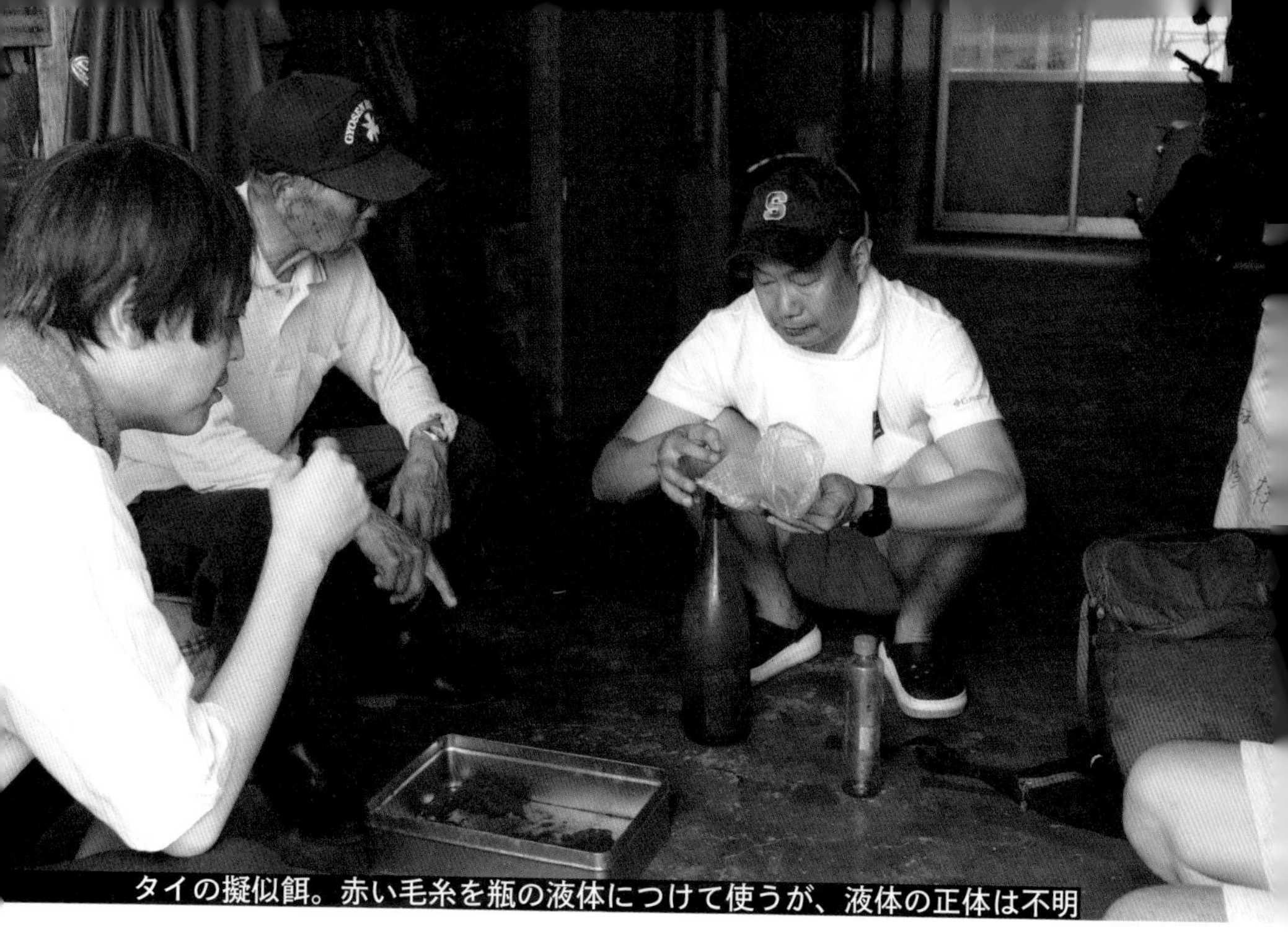
タイの擬似餌。赤い毛糸を瓶の液体につけて使うが、液体の正体は不明

「函館は本当の〝生のゴロ〟の」。

　一般的なイカの塩辛は、味の決め手となるゴロ、つまり肝臓と、身や内臓とをきれいに分け、イカの身の方は水を切り、塩を混ぜて下味を付ける。そこに分けておいた肝臓や調味料を一緒に入れてから発酵させる。

「島ではゴロっていうのは違うなでんだ。まず一年越さねば、発酵さねば駄目なわけだ。発酵させで、そして、まずつゆだけを取るわけだ。あと、中の不純物は取って」。

「あれは土用を越さねば駄目なもんだって言うもんだっけ。ほれ、やっぱり発酵さいねなや。暑くなれば不純物が上の方に上がって、下につゆだけ溜まるなや。そして、下の方からつゆ流すのよ」。

「土用を越さなければならない」のは昔の人もそう言っていたそうだ。

「6月ごろに獲れたイカを塩漬けして、土用過ぎて9月ごろになれば、そんなイカを出して、刺し身のようにして切るわけだなやのう。切ったやつを、また樽さ撒いて、そして、今度ほれ、塩辛として使うときは塩取らねばねのよ。しょっぺえさげ、塩はなかな抜げねのよ」。

長浜さんの船「長浜丸」

第十一 長

調査メモ❷ 渡部さん

（第二次調査：2023年7月18～20日実施）

実はわたしはあんまり好きじゃないの。
息子が好きで、作ってくれって言うから。

調査メモ❷は長浜さんと同じく法木地区の渡部さんだ。渡部さんのお宅では、完成した「いかの塩辛」を試食することができた。イカの切り身が汁に浸かっている。そう、これが「飛島塩辛」なのだ。「つゆ」はこの汁を指す。

「これに付けて食べてみて」と、キュウリも出していただいた。

高木さんは「昔、10年前に食べたものより、しょっぱさあんまり感じないですね。なんでだろう」と言った。塩分濃度は26度あるのだが、しょっぱいけれどおいしい。ビール買ってきたくなる気分だし、日本酒とかも合いそう

だ。

主にイカの身を食べるが、つゆが好きな人は「あったかい炊きたてご飯にかけて食べる」。

渡部さんによると、秋になると大根を干したものに浅漬にして食べたり、白菜と一緒に食べてもおいしいとのこと。

「実はわたしはあんまり好きじゃないの。息子が好きで、作ってくれって言うから。それだけ」。

渡部さんが作った塩辛は、県内のスーパーなどにかつては出荷していた。

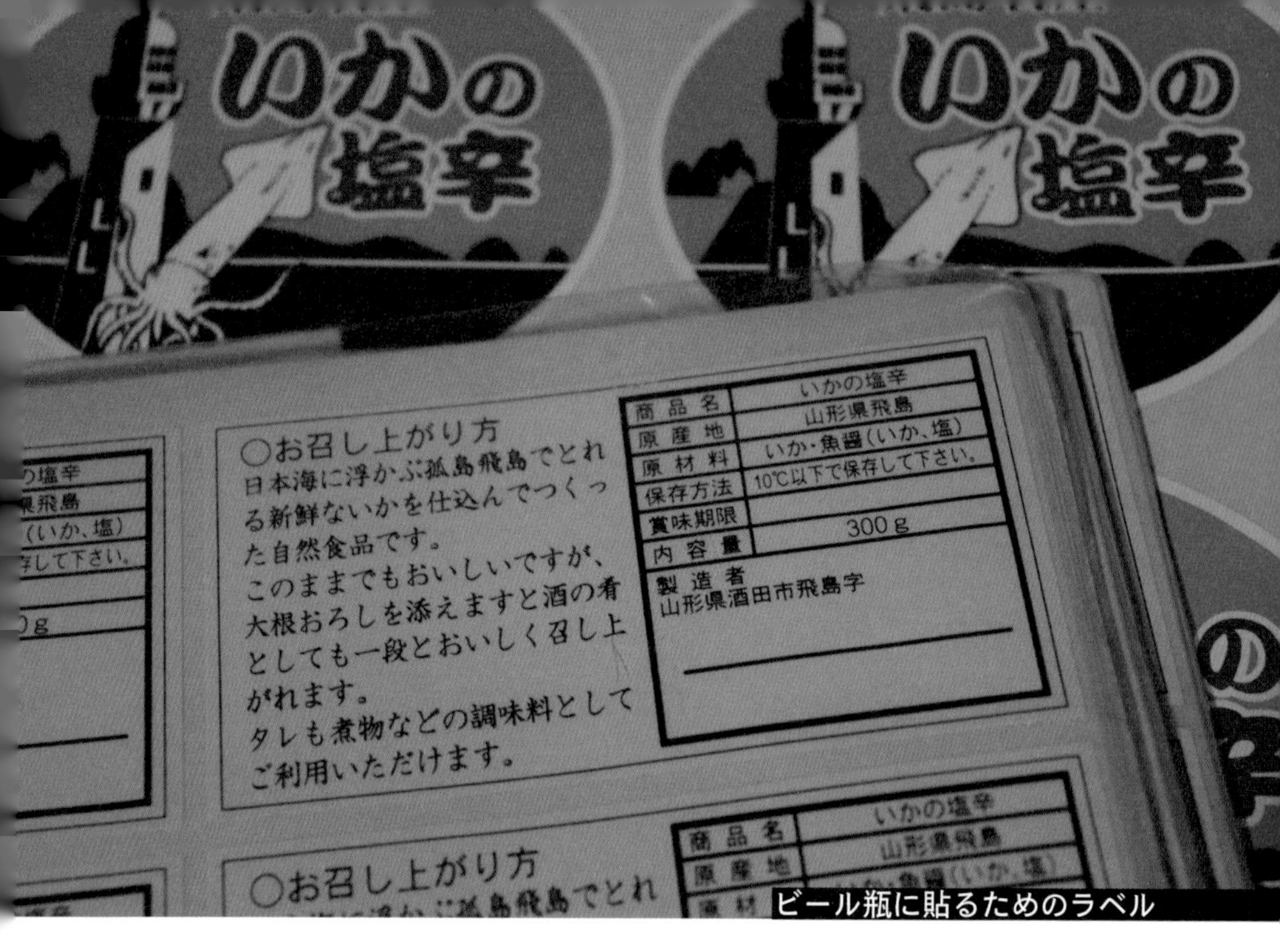

ビール瓶に貼るためのラベル

塩辛づくりは嫁いだのち、おじいちゃんに教わった。「出荷するのは大変なんだよ」とシールを見せていただいた。

ビール瓶には経緯がある。最初はキリンビールの瓶に入れて出荷していたのだが、怒られてしまい、今はアサヒビールの瓶に入れている。この章の扉のページを見ていただきたい。ビールの栓のところは、おしゃれにワインっぽく仕上げてある。これが目印になって孫に「おばあちゃんの塩辛、どこに行ってもわかるよ」と言われたそうだ。

最盛期はビールケース15個、つまり300本を出荷。友達に手伝ってもらって若いときには2日がかりで準備をしたそうだ。今はもうイカが獲れなくなって、お店には並んでいない。塩辛は家族が食べるものしか作っていないそうだ（なぜビール瓶かは第4章参照）。

お盆過ぎてから4、5カ月、4〜5年の間、イカ釣り船に乗っていたこともある。一箱50杯も入った木箱を150箱も船の上で積んだこともある。漁はなんと北海道の広尾町のあたりまで。苦労も多かった。

「酒田で息子と一緒に生活してもボケるいっぽう。嫌だ。だから島がいい。落ち着く」、なんでも自分でやりたいのだ。

倉庫にある出荷用のビール瓶

島では畑もやっていて、酒田の子どもたちにはジャガイモを送ったりしている。ただ雪のあるときは今は酒田の息子のところに行っているとのことだ。「ここは夜、風が吹くと怖いよ。夜寂しくなることもある」。

「もう作っているのはウチだけかもしんない。息子がイカを獲ってこなくなったら終わりだけど」。

塩辛づくりのメモ帳

見せていただいた渡部さんの作業小屋も立派だった。

「つゆ作るときは、こういう汚れ付いてるでしょ？　この黒い部分もきれいに取って捨てるの。そうして、新しいわたを入れるの」。

つゆを作る前に樽の中の汚れを落としてから、わた、つまりゴロ、イカの肝臓を入れるとのこと。

「一回、（塩漬けした）イカを洗った水、捨てない。最初の水はちょこっと捨てて、あくをとってから、その水、ツユを使う分だけ別の桶にくんでおくの。そのツユが20度になるまで塩入れるの。20度なったら、新しくつゆを仕込む分だけそのツユを入れ

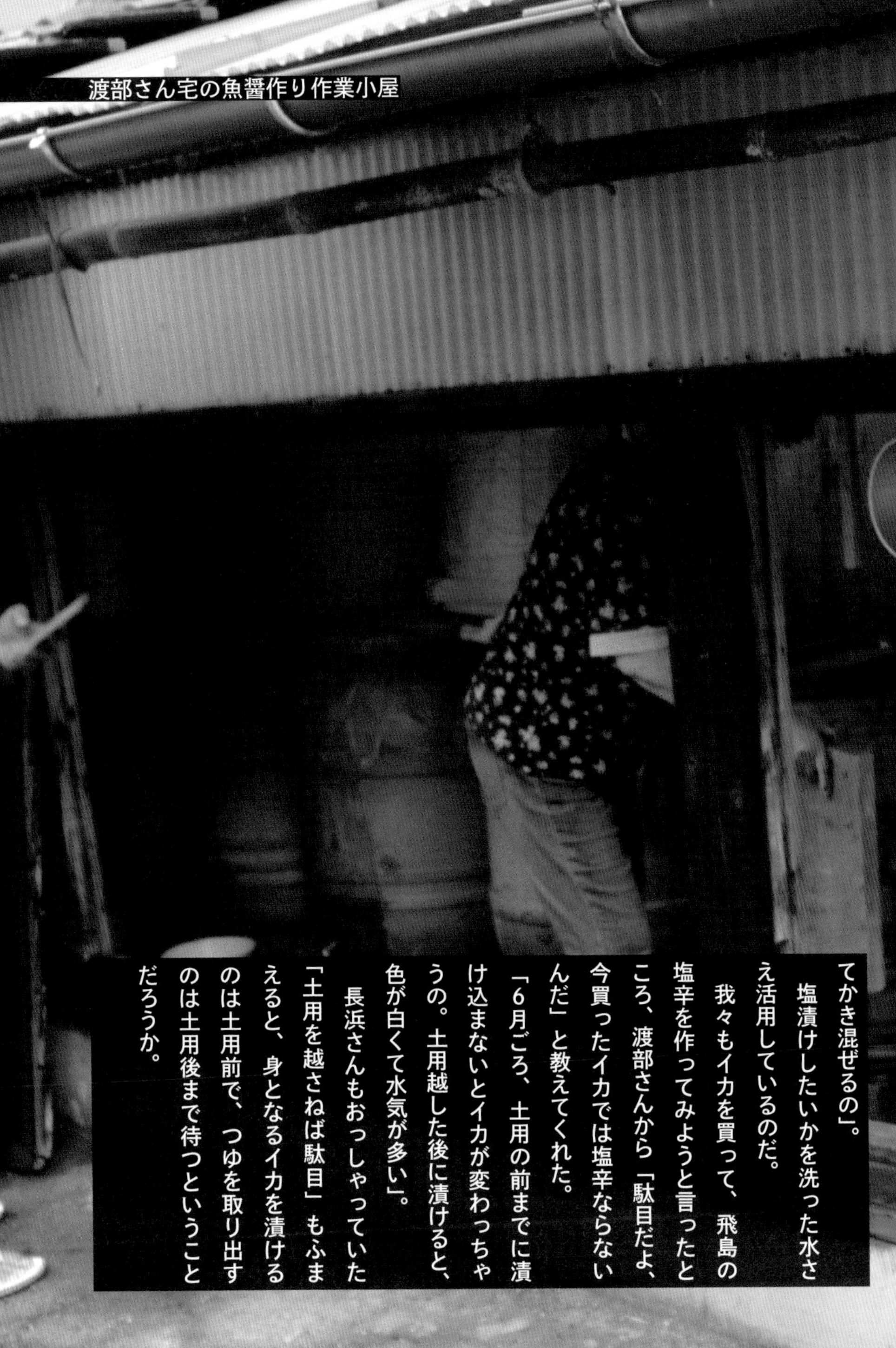
渡部さん宅の魚醤作り作業小屋

てかき混ぜるの」。

塩漬けしたいかを洗った水さえ活用しているのだ。

我々もイカを買って、飛島の塩辛を作ってみようと言ったところ、渡部さんから「駄目だよ、今買ったイカでは塩辛ならないんだ」と教えてくれた。

「6月ごろ、土用の前までに漬け込まないとイカが変わっちゃうの。土用越した後に漬けると、色が白くて水気が多い」。

長浜さんもおっしゃっていた「土用を越さねば駄目」もふまえると、身となるイカを漬けるのは土用前で、つゆを取り出すのは土用後まで待つということだろうか。

調査メモ❸
Sさん
（第二次調査：2023年7月19日実施）

作業小屋

今イカは獲れないが、獲れるようになったらまた塩辛をつくるのか聞いてみた。「作んないと思う。船も解体したし。86歳だもんだから」

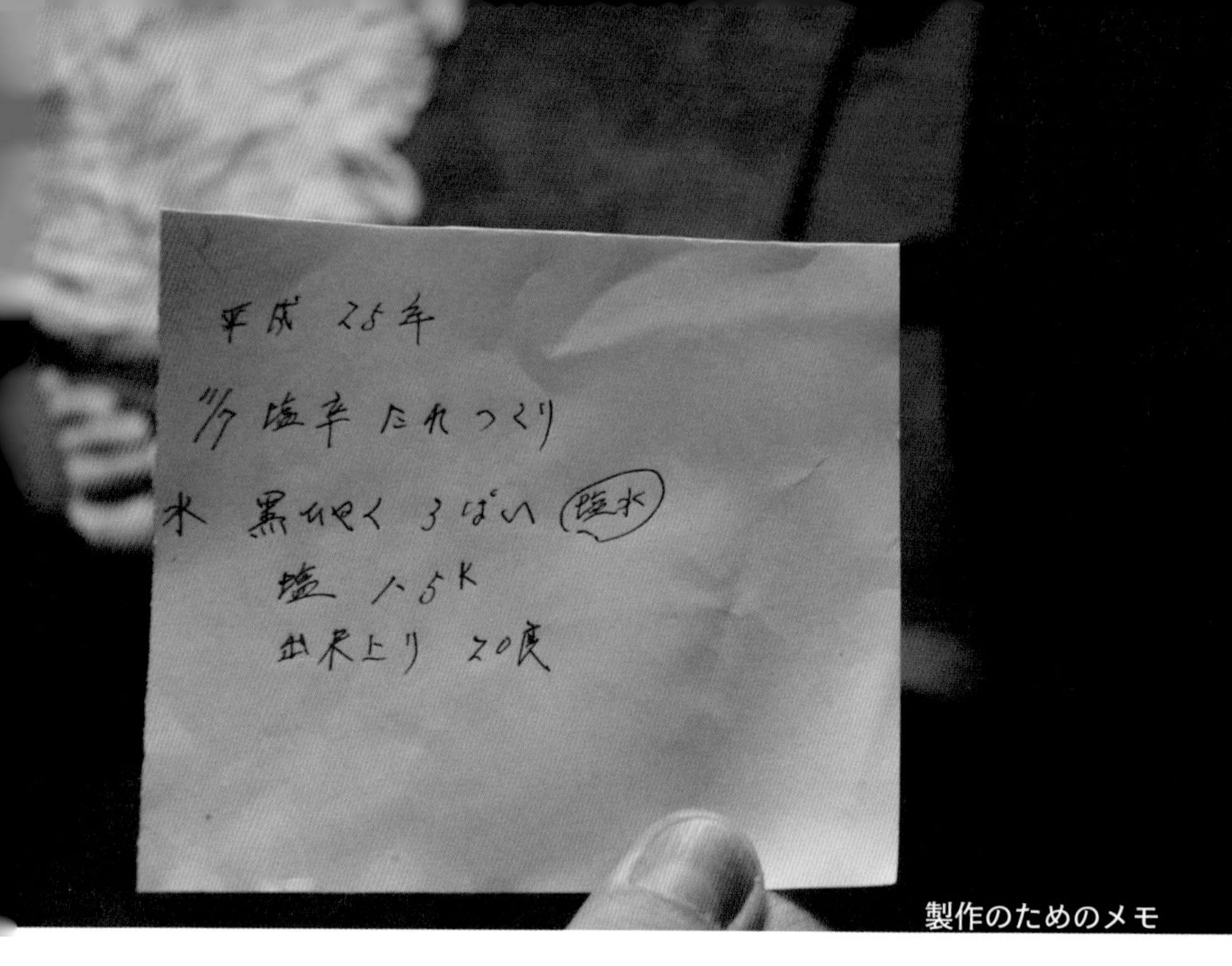

製作のためのメモ

調査メモ❸は長浜さん、渡部さんと同じく法木地区のSさんだ。渡部さんのお宅にうかがったあと、急遽ご紹介いただき、渡部さんとうかがった。

「おらいんとこではもう塩辛作りやってねえなやの」。

現在はもうイカの塩辛は作っていないが、かつての製法をうかがうことにした。作っていたときのメモを見せていただいた。どの家庭でもこうしたメモ書きを作っている。

写真にあるように、樽はプラスチックのものしか残っていなかった。「木の樽は、おらいんとこでもなくした」。また「生イカでないと駄目だ」という。「よく昔の人は、冷凍イカの〝タレ〟は渋いって」。魚醤樽をかき混ぜる「かき混ぜ棒」も見せていただいた。仕込みの際、この棒で「勘で覚えている」のをたよりに樽に入れたものの割合を調整している。皆さん「かたい」と表現したりする。

メモに書いてある「たれつくり」の際は、Sさんは水道水でずっと作っていたが、昔は海水を使っており、海から何杯も汲んでくるのが大変だったと。そして、その海水を「釜で焚いて。なんかの、美味しくなる」と火を

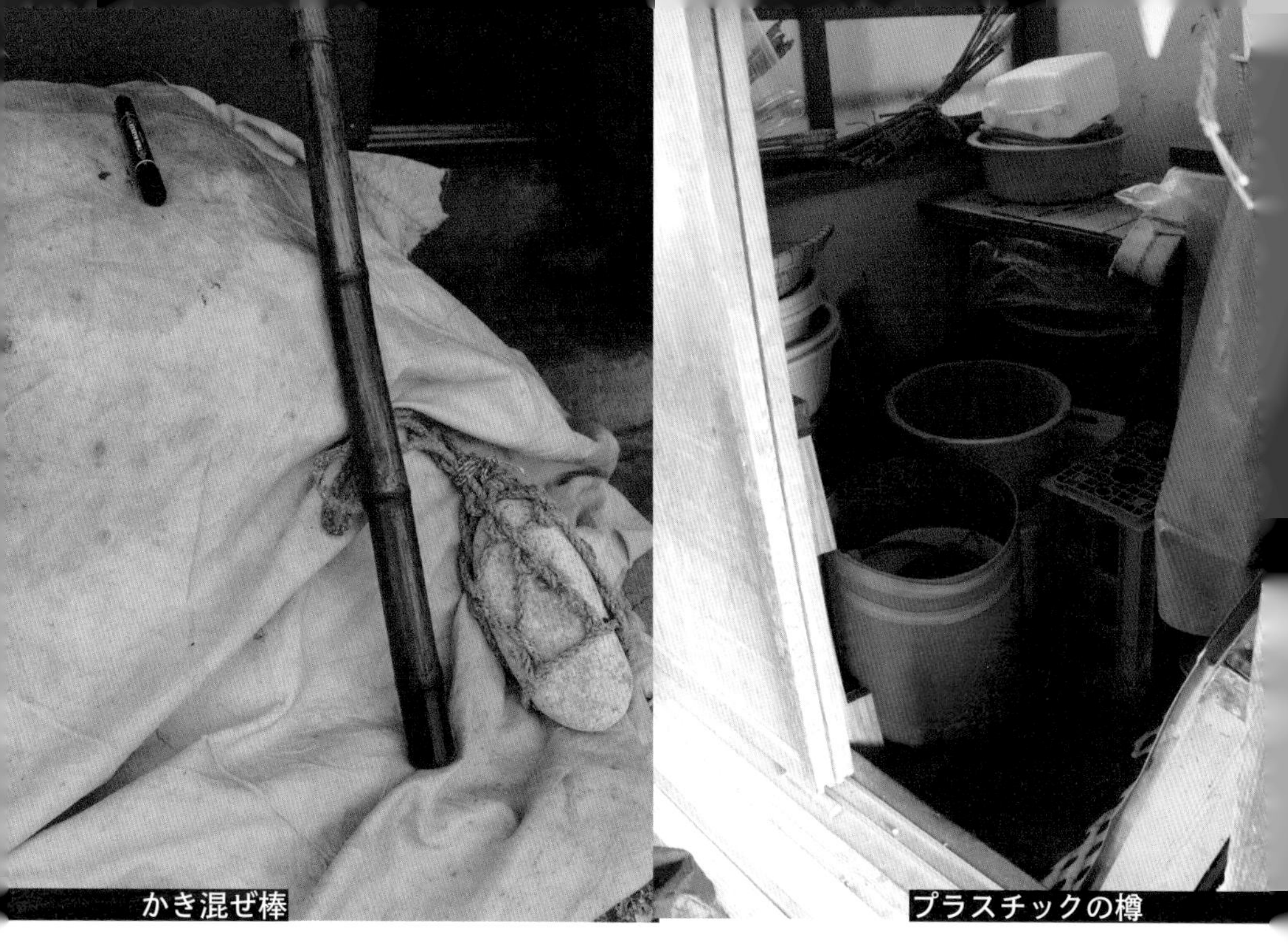

かき混ぜ棒

プラスチックの樽

入れていたこともあり、その方がなぜか美味しくなったそうだ。

「塩辛作るイカはしょっぱく漬けるわけだ。それから、あげるとき、水でざるを通して洗うわけ。すると塩も残ってんだ。それを煎ずるなんけ。そしてたれ作りのときに海の水を混ぜんなや。やっぱり塩使わねえためだもんだ、香ばしいっていう話」。

ビール瓶に入っているイカの塩辛の食べ方も聞くことができた。針金をのばして先を曲げて釣るように食べるらしい。滞在していた沢口旅館の渡部陽子さんからも同様のことが聞けた（コラム❸「塩辛と家族の風景」）。

飛島には中学校まであるが、すべて休校中である。「自分のうちでは二人、孫いるけど、酒田行って」。高校になると酒田に行くことになるが、もう帰ってはこない。子育て世代はみんな島を出ていってしまうことになる。「時代の流れだ」。

今イカは獲れないが、獲れるようになったらまた塩辛をつくるのか聞いてみた。「作んないと思う。船も解体したし。86歳だもんだから」。

第4章
調査で判明！
飛島塩辛の作り方

五十嵐悠・高木牧子

それぞれの家庭で語り継がれる味。

秘伝は、ここにあり。

「つゆ」と「ツユ」と「魚醤」

今回の調査の重大ミッションとして、飛島塩辛の製法を整理し記録を残すというものがある。調査前は「これだけ長年作り続けられてきたのだから、調査も記録もあるだろう」と勝手に思っていたが、そんなに甘いものではなかった。私がたどり着けた製法の記録は、『魚醤文化フォーラムin酒田』(2005)のわずか二つ。また、家庭内での記録文書などはなく、代々引き継がれてきた経験のみ。現在の製法を知るには、作り手の方々の証言が頼みの綱なのだ。そこで大活躍するのが、漁業知識と庄内弁を理解できる水産研究所の私たちである。

今回の聞き取り調査では、島民が使う「つゆ」という言葉が私たちを惑わせた。この単語をうまく解釈できたかどうかで、我々の調査が成功するか失敗に終わるか運命が掛かっていたと言って過言ではない。

長浜さん(調査メモ❶)は、魚醤の樽を目の前に、飛島では魚醤を「つゆ」と呼んでいることを教えてくださった。なんでも、「つゆ」は飛島塩辛の漬け汁としてしか利用しないらしい。勝手に調味料とし

聞き取りの様子(左:高木・右:五十嵐)

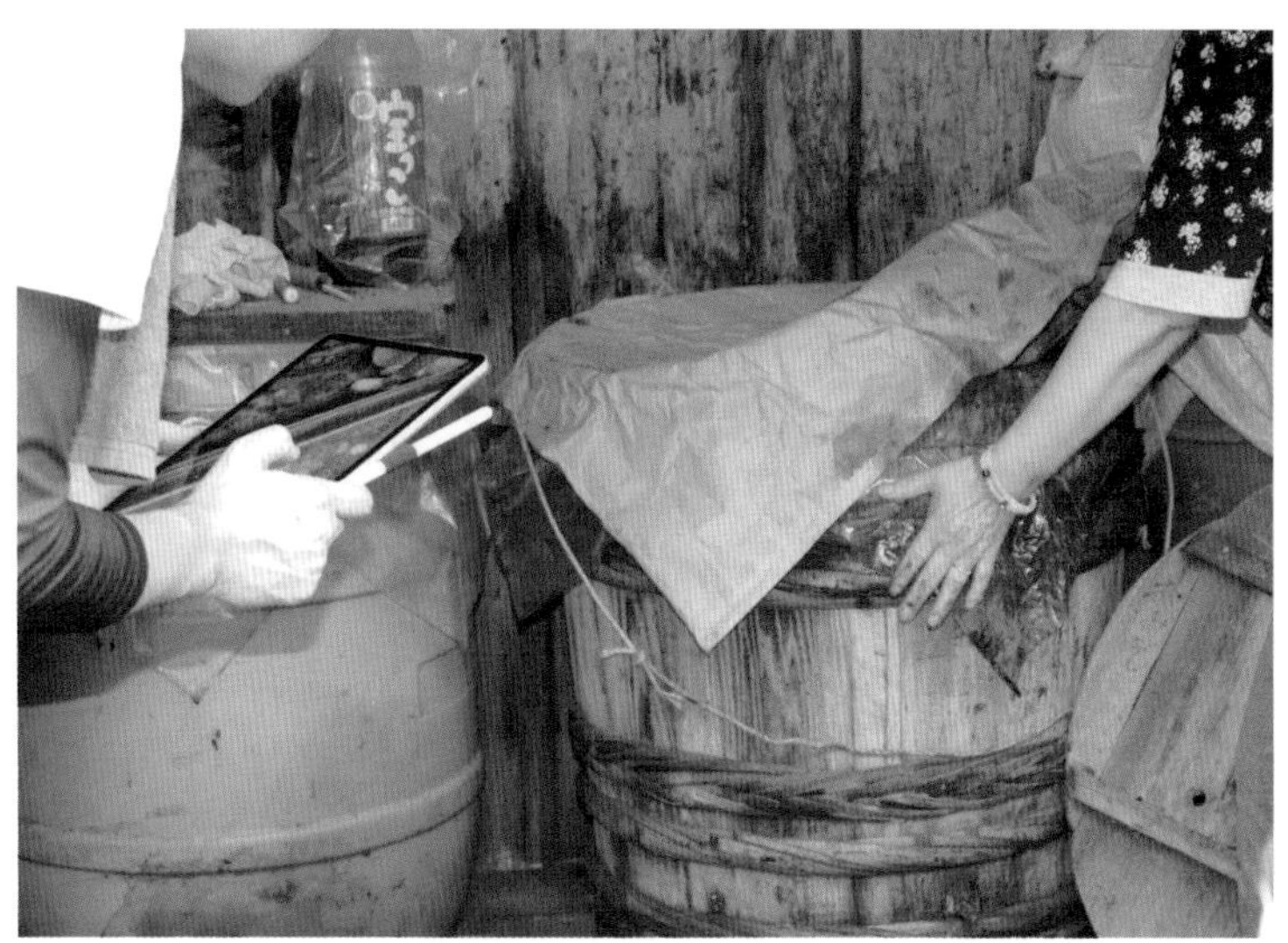

調査の様子

ての利用が主なのだと想像していたため驚いた。製法をひと通り教えていただく中で、長浜さんは聞きなれた庄内弁であったが、庄内弁特有の単語を使わずに説明してくださった。とてもわかりやすかった。同行前、白石さんからは「庄内弁を教えてほしい」と大げさなことを言われていたが、必要なかったかもしれない。先生方も、うなずきながら説明を聞いている。次の聞き取り先へ向かう道中、高木とあれこれ話をしたが、「つゆ」と「具」を別々に仕込むという製法の流れは二人とも同じ解釈だった。

次は渡部さん（調査メモ❷）へ聞き取りに。渡部さんのお宅にも立派な蔵と樽があり、これが飛島のスタンダードなのかと驚いた。渡部さんははきはきとした明るい話し方で、これまたスムーズに聞き取りが進む。渡部さんも魚醤のことを「つゆ」と呼んでおり、「具」とは別々に仕込むようだ。しかし、よく説明を聞くと先ほどの長浜さんとは少々製法が異なっていた。「具」は、たっぷりの塩で漬け込まれており、そのままでは大変塩辛いため「つゆ」と併せて完成品とする前に真水で塩抜きする必要がある。渡部さんは、その塩抜きをしたあとの「ツユ」も「つゆ」を仕込むときの塩分濃度調整に活用するそうだ。普通であれば捨ててしまいそうな部分まで無駄にしない工夫に感服した。大きな製法の流れは長浜さんと共通しているが、家庭間で異なる部分にこだわりが見え、いかに飛島塩辛が島民の生活に根付いているか実感できた。

聞き取り後に食い違う製法

その日、民宿に戻り参加メンバーで一日のまとめをした。おのおのが今日の調査で感じたことや発見を意見交換したのだが、水産の現場ではなかなか関わる機会の少ない専門分野の松本さん、白石さんの視点が新鮮で、大変に勉強になる時間だった。あれこれ協議して、ようやく製法の整理に差し掛かると、白石さんたちが理解していた製法は私たちの理解とまったく異なっていた。なんと、「つゆ」と「具」を一緒に漬け込んで熟成するという。あんなにうなずきながら、「つゆ」と「具」を別々に仕込むという説明を聞いていたではないか。

なぜそうなったか、今一度話を整理すると、途中までの理解は全員一致していた。同じ説明を聞いていたのに不思議だと思って考えてみると、渡部さんが「『ツユ』を『つゆ』に入れるんだ」と説明してくれたことを思い出した。もしかしたらここで意味が混同していたのかもしれない。そう思い、「渡部さんが言っていた『つゆ』には、魚醤という意味の他に塩抜きに使ったあとの水を指す場合もありましたよ」と言ってみた。すると、先生方はえらく驚き、かえってこちらが驚いた。どうやら、今回我々を混乱させていたのは「つゆ」という言葉のようだった。そこから、あの場面の「つゆ」は魚醤で、あの「ツユ」は他の汁で、と一つ一つ解説した。すると先生たちも納得し、「なるほどね～！五十嵐さんたちがいなかったら気づけなかった！」とまで言ってくださった。やはり、庄内弁もわからないと、つゆの意味まで区別して説明を聞くことは難しかったのかもしれない。正直、私たちが同行していなかったら、今頃まったく別のものができあがる製法が本書にまとめられていた可能性もある。通訳としての役目は十分に果たせたようだ。

次の日、Sさん（調査メモ❸）のお宅で、聞き取りを行った。今はもう飛島塩辛を作るのをやめてしまったそうだが、かつての製法や出荷にまつわる様々な話をしてくださった。Sさんは魚醤を「たれ」と呼んでいた。「あんめどすぐわりぐなるなやの」、これまでの聞き取りでもあったように、つゆは塩分濃度が低いとすぐ悪くなるそうだ。「それは砂糖のような甘さですか？」。どうやら、先生方は味が甘いという意味で捉えていたようだ。ここでも私たちが大活躍することとなった。

こんなに偉そうに「庄内弁がわかるから製法がわかったんだ！」と言っているが、実は私が製法を理解できたのは、大先輩の大澤さんが残してくださった記録のおかげだ。正直、何も情報がない状態で臨んでいたら私もつゆと具が別々に仕込まれていたことに気がつけなかったかもしれない。大澤さんの記録は、入庁してまもなく参考資料として引き継いだもので、当時は飛島塩辛の存在を知らなかったため記録を読んでもピンと来なかった。そんななか今回の調査に同行することになり、これも何かの引き合わせかもしれないと思い、ここぞとばかりに資料を読み込み、おおよその製法を頭に入れて今回の調査に臨んだ。すると、島の方が言っていることが手に取るようにわかる。資料を読んだだけでは理解しきれていなかった部分も明らかになり、答え合わせのような時間だった。それと同時に、一度聞いただけでは理解が非常に難しいということも実感した。前情報が少ないなか、忠実に製法を記録した大澤さんの仕事がどれほど偉大なものであったか頭が下がる思いだ。

しかし、一筋縄にはいかないのが飛島塩辛。方言がわかるだけですべてを理解することはできないほど独特。本章で製法を記録するにあたり、初めての人でもこれを読めば飛島塩辛を再現できることを目指し、1瓶作るのに必要な材料および分量について詳細な聞き取りに努めた。しかし、どの作り手に聞いても「わからない」。はじめからこれくらい作ろうと決めて原料を用意するという流れではなく、原料のイカやサザエが手に入ったぶんだけ作るということらしい。さらには、塩分濃度や熟成期間など、作り手によって教えてくれることが少しずつ違うのである。非常に感覚的で、臨機応変な製法であった。

さて、前置きが長くなってしまったが、この通り飛島塩辛は統一された製法があるようでない。そのため、まずは①「製造の流れ」②「基本的な製法」で過去の文献や島民の方々間でおおよそ共通している製造の流れを整理し、③「各家庭の仕込み方」④「飛島塩辛のあれこれ」で今回聞き取りを行った3家庭の製法を紹介する。

①製造の流れ

飛島塩辛の製造の流れを❶に示す。まず、ポイントとして抑えるべきは、つゆ（魚醤）づくりと具づくりが別々に行われるということだ。一般的な塩辛は、細切りにしたイカの身と肝臓に塩を加えてあえた状態で熟成する。この先入観を持って、同じ塩辛と名が付く飛島塩辛の製法を聞き取りすると、おそらくまったく別のものができあがるだろう。本章でも、完成まではしっかり区別して説明するこ

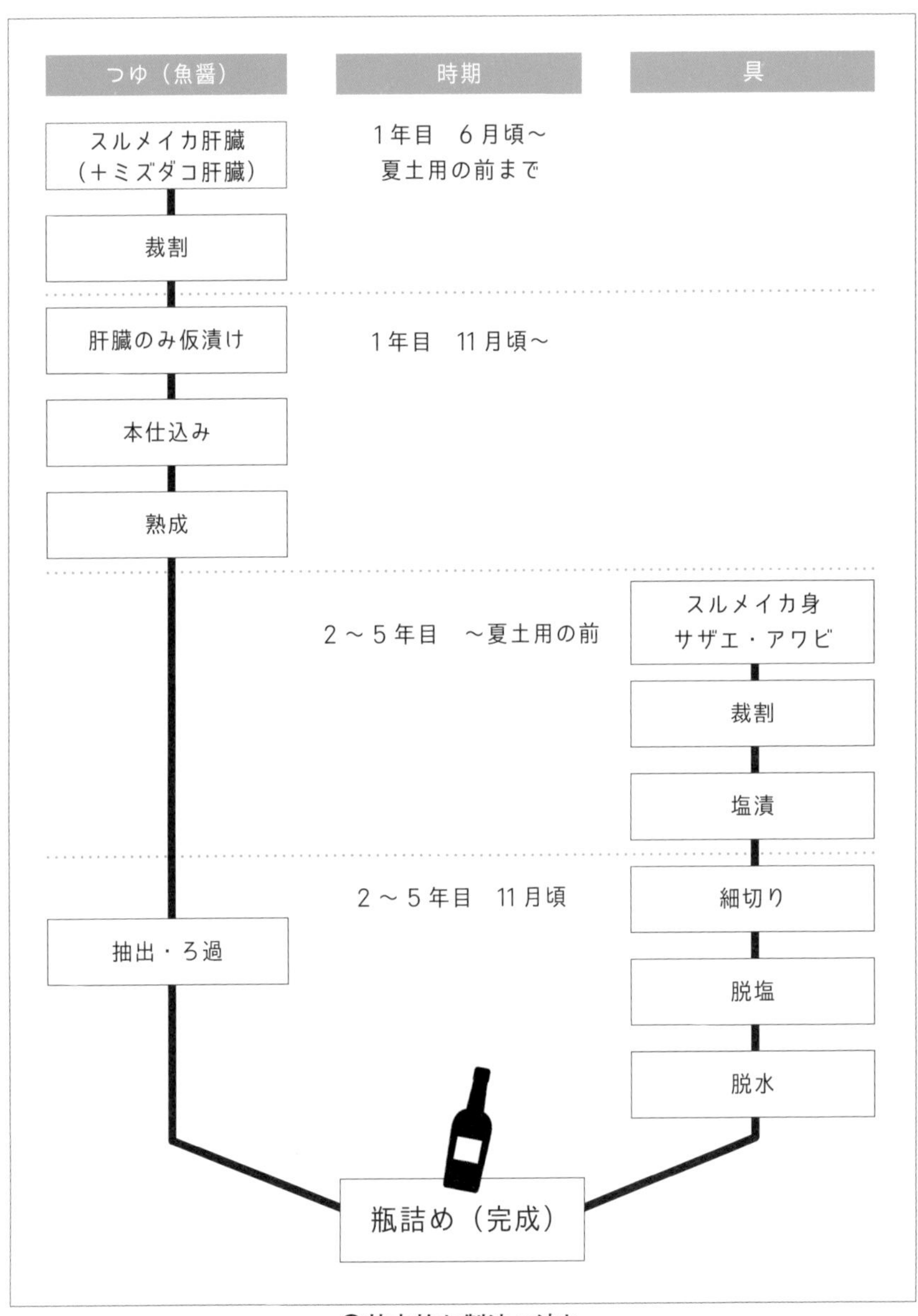
つゆ（魚醤）
時期
具
スルメイカ肝臓
（＋ミズダコ肝臓）
1年目　6月頃～
夏土用の前まで
裁割
肝臓のみ仮漬け
1年目　11月頃～
本仕込み
熟成
スルメイカ身
サザエ・アワビ
2～5年目　～夏土用の前
裁割
塩漬
2～5年目　11月頃
細切り
抽出・ろ過
脱塩
脱水
瓶詰め（完成）

❶基本的な製法の流れ

とする。

②基本的な製法

○つゆ（魚醤）づくり

・原料～仮漬け（６月～夏土用の前）

島の人たちは塩辛づくりのために仕込む魚醤を「つゆ」や「たれ」と呼ぶ。島のスタイルに合わせ、本章では以下つゆと呼ぶこととしたい。つゆの原料は、主にスルメイカの肝臓だ。分量は特になく、必要なのは手に入るだけの肝臓と、たっぷりの並塩。スルメイカから丁寧に肝臓のみを取り出し、並塩とともに仮漬け用の樽に貯めておく（肝臓を取り除いたスルメイカは、後述する具となる）。また、島ではミズダコ漁も行われるため、それの肝臓を加える場合もある。なんでも、ミズダコの肝臓を加えると甘味が増し、色が黒くなるんだとか。どの程度タコの肝臓を加えるかは、各家庭のこだわりによる。

仮漬けの作業は、６月頃～夏の土用まで（立秋の18日前）に行う。「夏土用」までに行う科学的な理由は現時点で明らかでないが、塩辛づくりのキーワードとして島内で代々受け継がれている。

・本仕込み（11月頃～）

貯めておいた肝臓をまた別の樽（本仕込み用の樽とする）に移し、塩分濃度を調整する。本仕込み用の樽に移した肝臓には、塩分濃度20％程度の食塩水を加え、ボーメ度計で22～27度になるように調整する［❷上］。また、昔は島特産の「ごどいも（じゃがいも）」の浮かび具合を見て調整していた［❷下］。この場合、どのような指標で塩分濃度を判断していたかは作り手のさじ加減である。

また、仮漬けしていた肝臓に加える食塩水の量は、かき混ぜ棒［❸］でかき混ぜたときの感触で判断する。まさに職人技だ。たとえば、棒が自立するような「硬さ」では肝臓に対して食塩水が足りない。これは完全に作り手の感覚によるので、長年仕込み作業をしていないと判断が難しい。十分に肝臓と食塩水をかき混ぜたら、ビニールなどで樽の上部に蓋をし、長い熟成期間に突入する。

ちなみに、本仕込み用の樽とは、直近につゆを取り出した樽を示す。たいていは4斗樽で、かつては木製だったが今ではプラスチック製が主流である［❹］。

❷塩分濃度測定に用いるもの
（上：ボーメ度計、下：ごどいも）

本仕込み用の樽の使用サイクルは以下の通りである［❺］。10月頃、それまで数年かけて熟成していたつゆを具の量に応じて樽の下部にとりつけたコックから抽出し、塩辛として完成させる。近年は具の量が少ないため、樽の半分以上はつゆが残る。残ったつゆの表面と樽の内側には、真っ黒な油分等がへばりついており、そのまま新しいつゆを加えることはできない。これらを丁寧に取り除き、樽がきれいになったところへ仮漬けしていた肝臓と塩水を加え本仕込みとする。まさに継ぎ足しのつゆだ。

昔の話だが、取り除いた油分や不要になった樽は時化の日に海に流していたそう。島内を散策していると、家庭に放置されている樽が散見された。一体何年物の熟成のつゆが出来あがっているのだろうか。

・熟成

つゆは本仕込み後一切触れられることなく長い熟成期間に入る。長い熟成期間のなかで、油や不純物が樽の上部に浮かび、透き通ったつゆが下にたまる。そのため、決して熟成

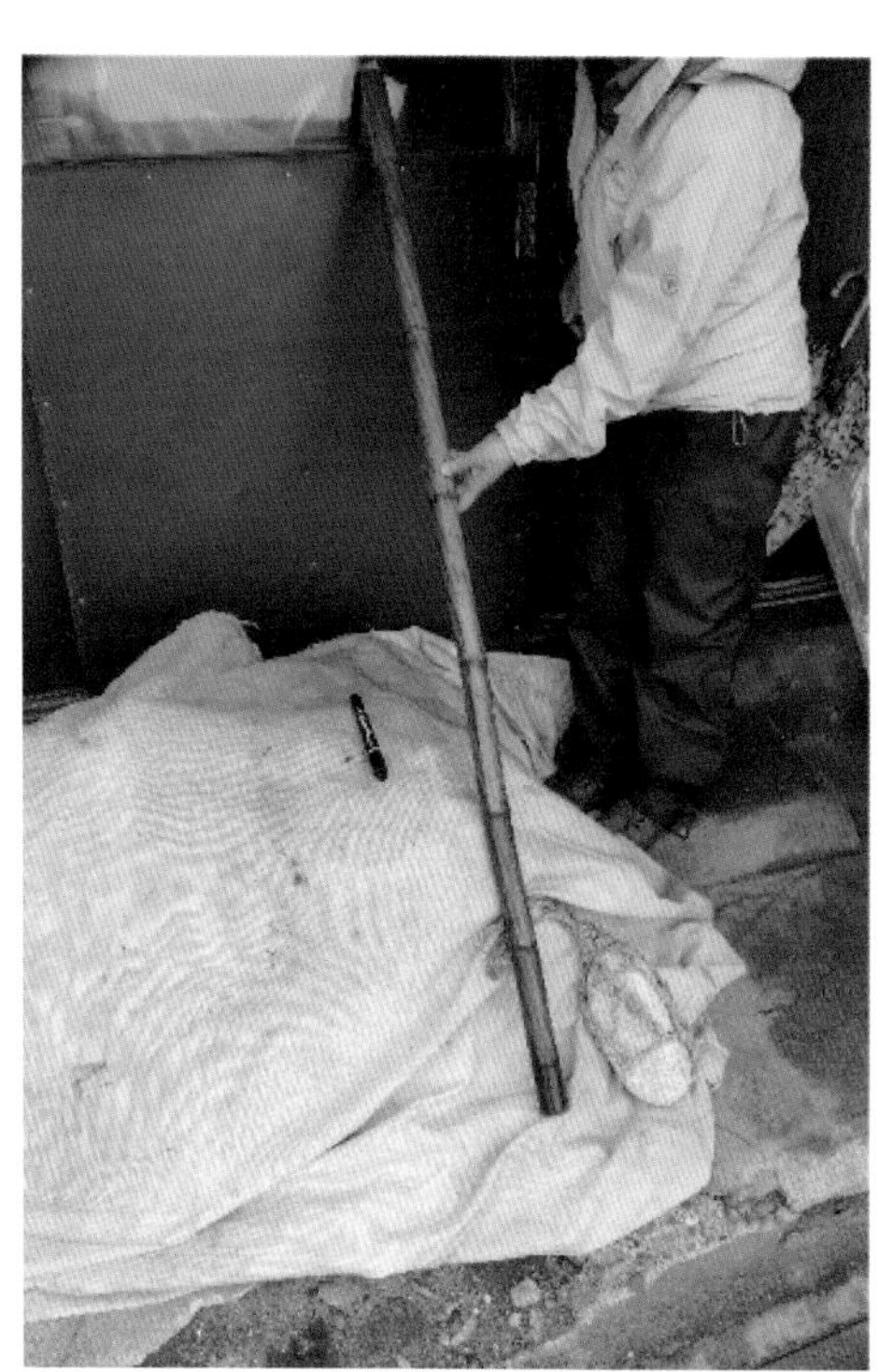

❸かき混ぜ棒

❹家庭の樽（右手前は木製樽、奥はプラスチック製樽）

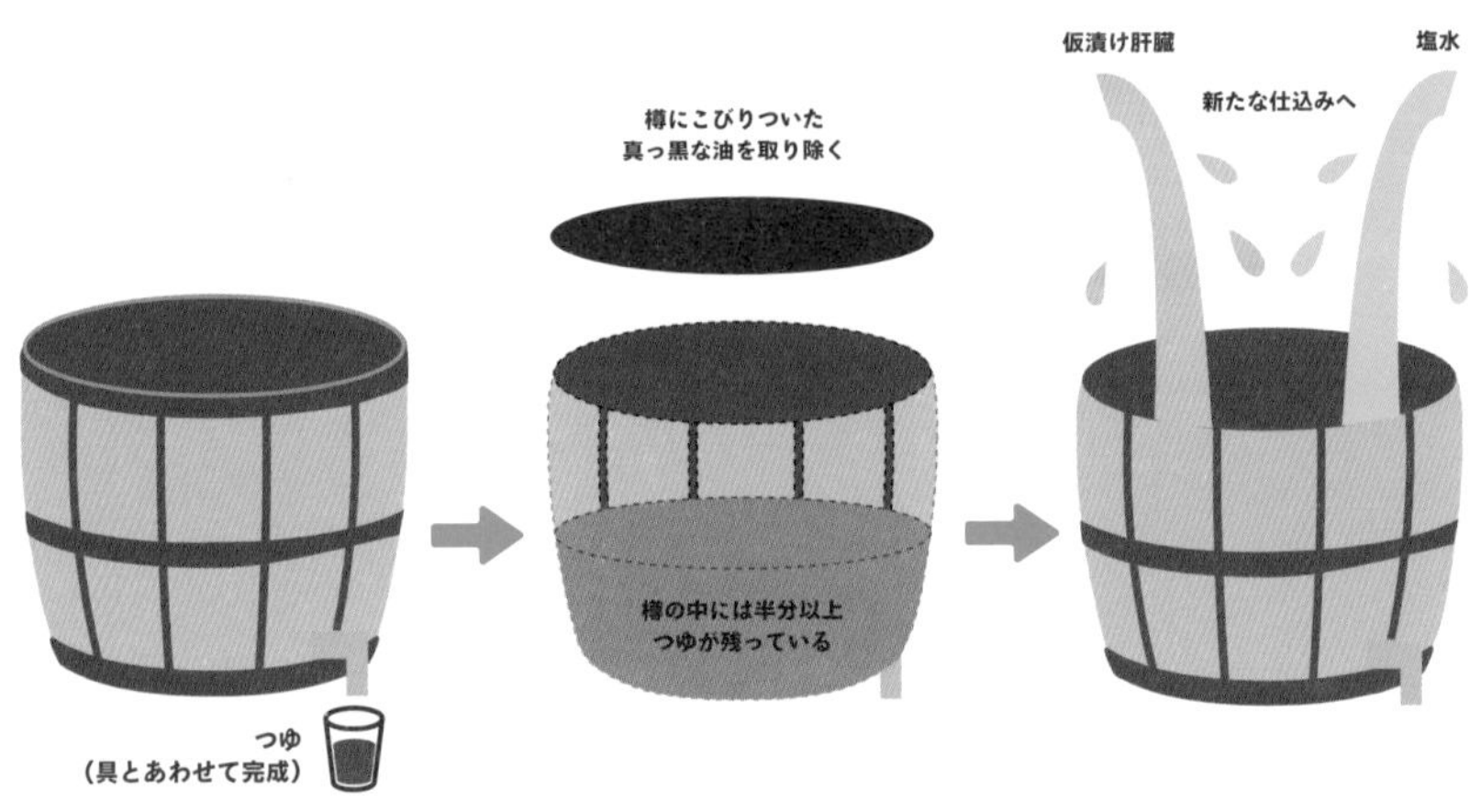

❺「本仕込用の樽」の使用サイクル

中はかき混ぜたり触ったりしてはいけない。熟成期間は家庭によりまちまちだが、2年以上仕込むと品質が安定してくる。熟成は夏の土用を越えることが重要であるため、抽出は秋以降に行われる。また余談だが、以前県内の漁家兼加工業者の方に、イカ肝臓を使った魚醤の作り方を教えてほしいといわれたことがあった。そのとき、飛島塩辛のつゆの作り方がぴったりだと思い、「全国水産加工品総覧」（2005）をもとに情報提供したことがあった。しばらくして、一向に魚醤がきれいな琥珀色にならないと相談を受け、よくよくお話を聞くと完成が気になって頻繁にかき混ぜていたとのことだった。情報提供時、かき混ぜないというポイントを知っていれば。今頃透き通った魚醤が完成していたかもしれないと思うと悔しい。

・抽出〜ろ過〜瓶詰め（翌10月頃）

熟成を終えたつゆを本仕込み用の樽から取り出す。この際、上部に浮かんだ油や不純物と混ざっては台無しになってしまうので、樽の下部に設置したコックから取り出す。取り出したつゆは紙や布でろ過する。一般的な魚醤だと、完成までに火入れとよばれる加熱作業があるのだが、このつゆは火入れを行わない。魚醤のようで、完全に魚醤の作り方というわけでもない。独自に発展した文化ということが製法からもわかる。瓶詰めについては、具づくりの最後に詳しく説明したい。

○具づくり

・原料〜塩漬け（6月頃〜夏土用の前）

具の主な原料はスルメイカで、他にはサザエ、アワビを使う。完成後の塩辛は、具の原料によって「いかの塩辛」や「さざえの塩辛」と呼ばれる。

スルメイカの場合、6月〜夏土用の前に獲れたものを用い、身の部分は具に、肝臓はつゆに活用される。身の部分はたくさんの並塩でサンドするように漬け込むのだが、これは必ず夏土用の前に行わなければならない。これもつゆの仮仕込みと同様、島内で代々受け継がれてきたポイントだ。万が一夏の土用を過ぎると塩漬けしている間に［❻］身が白くぶよぶよになり、ぬめりがでて食用にはできない。

サザエやアワビは、船の上から箱眼鏡でのぞきながら、漁具［❼］を使って採る「磯見漁」という方法が用いられる。サザエは長い棒の先にツメが付いた漁具、アワビは長い棒の先端がヘラ状になっている漁具を用いるのだが、そのとき、たまにツメで漁獲物を傷つけてしまい出荷できないものが生じてしまう。こういう物をたっぷりの塩で漬けこみ、塩辛の具として活用する。こちらはスルメイカ

❻塩漬け中のスルメイカ

❼長浜さんの漁具。先端の形が異なる

とは異なり、9月頃までに塩漬けの仕込みをすれば大丈夫だ。

・細切り

夏の前に塩漬けした具は、10月頃に取り出して、細切りにする。たっぷりの塩で漬け込んでおりそのままでは非常に塩辛いので、細切りにしたあと塩抜きとして何回か真水で洗う。この洗い汁はとっておき、料理に活用したりつゆの本仕込みの塩分調整に活用することもある。

・脱水〜瓶詰め

塩抜きをした具は、きつく脱水する。脱水は島内で広まるジャッキを改造した脱水装置を用いる［❽］。玉ねぎネットに細切りにした具を入れ、脱水装置にセット。具から完全に水が出てこなくなるまで何回も脱水する。このときに水分が残るようだと、完成品として瓶詰めしたときにすぐ悪くなってしまう。

最後の工程である瓶詰めで、ようやくつゆと合流する。かつてはビール瓶を使用し、出荷するときは３００ｇの具を入れていた。立派なイカでも内臓を含めて２５０ｇくらいなので、身だけで３００ｇというのは結構な量だ。重さを測った具を瓶に押し込んで、そこにつゆを注ぐ。そうしたら細い棒でかき混ぜ、隙間までしっかりつゆがいきわたるようにする。瓶の容量に余裕が生まれたところで再度つゆを注ぎ、瓶の口まで達したらコルクで栓をする。ようやく飛島塩辛の完成だ。いか塩辛の場合は瓶詰めしてすぐおいしく食べられるが、さざえ塩辛の場合は少し置いたほうが味がしみ込んでおいしくなる。

ちなみに、出荷用に貼るラベルの内容表示は３００ｇとされていて、具の重さしか含まれていない。島の方々にとって、つゆはあくまでつけ汁で、主役は具だという考えが見えてくる。

❽ジャッキを改造した脱水装置

ここまでざっと飛島塩辛づくりの流れを説明した。初夏の具の仕込み、秋の瓶詰め、それが終わるとすぐつゆの本仕込み。非常に重労働であるし、食べられるようになるまで時間もかかる。現在仕込まれているのはご高齢の方が多く、これだけの作業をされているというのは本当に尊敬する。

③各家庭の仕込み方

○渡部さんの場合

・原料

つゆの主原料であるスルメイカの肝臓に、ある分だけのミズダコの肝臓を加える（渡部さんは明言していなかったが、島内産と考えるとおそらくミズダコだろう）。タコの肝臓を入れる際は、表面の白い膜も丁寧に取り除く。タコの内臓から墨袋を破かないように肝臓だけを取り出すことは、注意がいる作業であり、渡部さんの丁寧さがなせる技だ。

・仮漬け〜本仕込み

渡部さんは蔵にある唯一の木樽を仮漬け用の樽としている。たいていの場合、仮漬けにした肝臓はその年の本仕込みですべて使用するのだが、渡部さんはつゆの本仕込みと同じく継ぎ足しシステムをとっており、昔の仮漬け肝臓を少し残しておき、その上に新たな肝臓を加えていく。本仕込みの季節になると、木樽から仮漬け肝臓（もうほとんど魚醤の見た目になっている）を取り出し、本仕込み用の樽に移す。この本仕込み用の樽というのは四つあり、現在は少量しか生産しないため1年ずつ異なる樽に

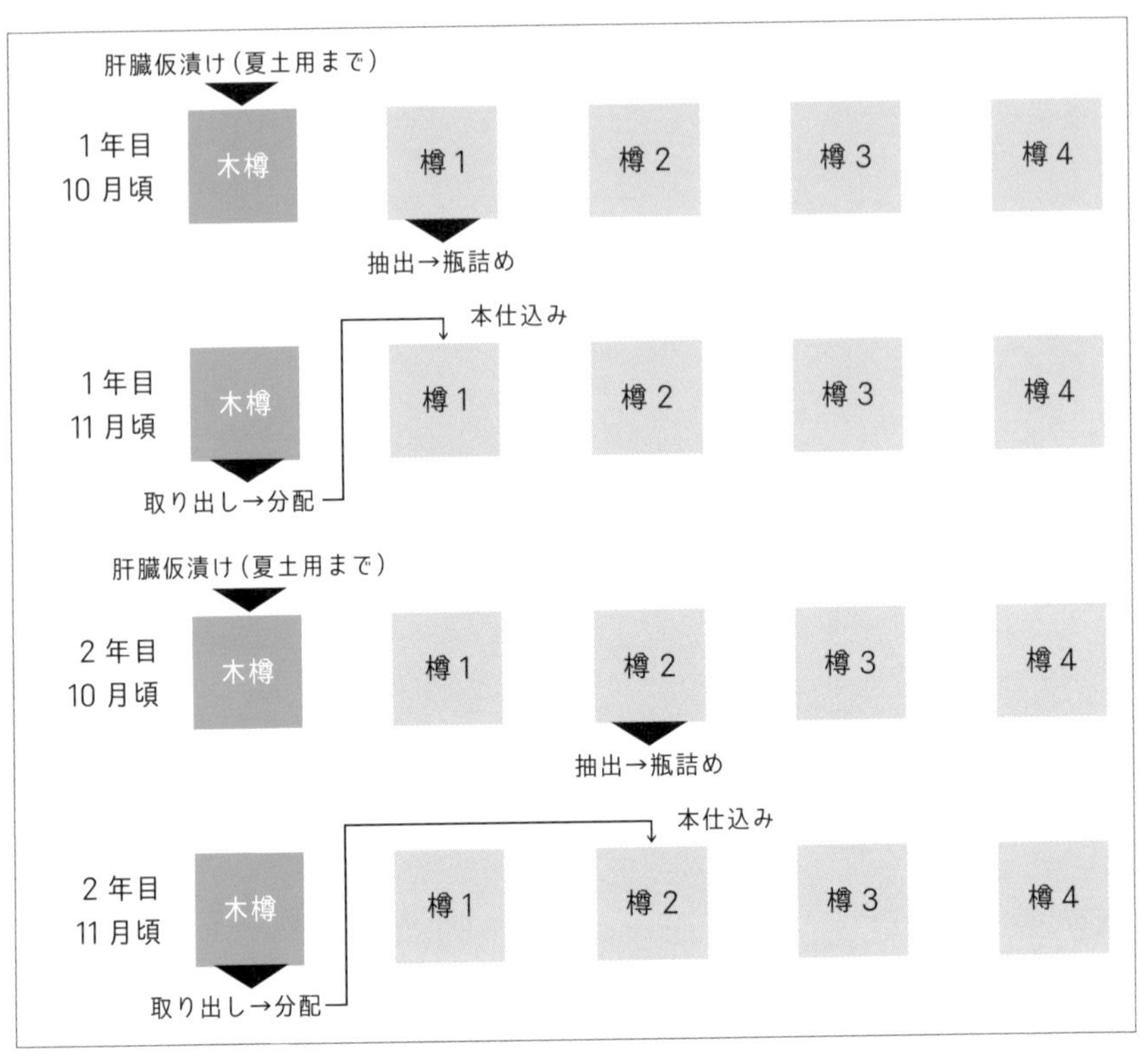

❾本仕込用の樽　使用イメージ（渡部さんVer）

仕込んでいる。ある年に樽1からつゆを抽出し、瓶詰めしたら、その年は樽1に木樽から取り出した仮漬け肝臓の一部を分配し、つゆの本仕込みとする。次の年は樽2からつゆを抽出、樽2に木樽から取り出した仮漬け肝臓の一部を分配する、といった具合だ［❾］。つまり、再び同じ樽からつゆを抽出するのは4年後であり、渡部さんの家では現在は4年熟成したつゆを完成品としているということになる。

また、本仕込みの際、塩分濃度を調整するのにただの塩水ではなく、具のイカを脱塩するときに生じる塩水を再利用している。

・ろ過～瓶詰め

布でろ過したつゆを瓶詰めする際、渡部さんお手製の装置を用いる［⑩］。細いチューブが付いているため、口の小さい瓶に注ぎやすくなっている。確かに、細い口の瓶につゆを注ぐには、注ぎ口もそれ相応に細くないと難しい。しかも、チューブは柔らかい素材になっていて、先をつまむと簡単につゆを止められる仕様だ。私も研究で魚醤を作るとき、瓶詰めでいちいち漏斗を用意して注ぐのが面倒なのでこの道具がすごくほしいと思った一方で、効率化を図るための工夫が足りていなかったと反省してしまった。

瓶に注いだあとは、瓶詰め棒を使って具とつゆをかき混ぜる最後のひと手間があって完成となる。

⑩瓶詰め用の装置と瓶詰め棒

・瓶詰め後

ビール瓶のような色付き瓶と透明瓶では、透明瓶の方が悪くなりやすい。すごく不思議だが、これも島の人が口をそろえておっしゃていた。このこともあり、ビール瓶を重宝しているのだとか。また、渡部さんはコルクで栓をしたあと、かわいい銀紙をコルクに覆いかぶせている。子ども向けのシャンメリーのようなかわいい見た目で、おのずと手に取りたくなる。渡部さんは主に酒田に住む息子さん向けに作っているので、包装にも愛情が感じられる。

○長浜さんの場合

・原料

長浜さんもつゆづくりにタコの肝臓を加えるが、1樽につき2個程度までとしている。タコの肝臓を入れることで確かにつゆが甘くはなるのだが、たくさん入れすぎると渋みを感じるようになるそうだ。また、タコの肝臓は1月〜2月頃に入手したものを仮漬けする。

・本仕込み

夏土用までに仕込んだ仮漬け肝臓を、10月頃に本仕込みする。この際、塩分濃度が24％くらいになるように食塩水を加える。（代わりに海水を加えることも。）塩分が甘いと塩辛として完成させたあとに長持ちしないうえ、瓶の中で発酵が進んで蓋が飛んでいくことがあるため、少々塩分濃度を高めにしている。

・熟成

長浜さん家の熟成期間は3年。樽が三つありローテーションしているということもあるが、1年だと熟成が不十分であまりおいしくないそうだ。

・漬物

⑪塩漬け中のサザエ

長浜さんは現役で磯見漁をされているので、サザエの塩辛も製造している［⑪］。使用するサザエは、漁獲時に漁具で殻に穴をあけてしまう等して、出荷できないもの。サザエは10月頃に脱塩、脱水をする。イカの塩辛の場合は瓶詰めしてすぐにおいしく食べられるが、サザエの塩辛の場合は瓶詰め後2～3カ月が食べごろになる。

また、長浜さんのこだわりは記録をつけていること。いつつゆを抽出して、本仕込みをしたかざっと30年分くらい記録してあるメモをお持ちだった。メモには、他に仕込んだ時の天気、抽出したつゆの味、本仕込みの時の塩分が丁寧に記録してある。メモを読むと、その時の状況を見ながら仕込み方を調整していることがよくわかる。

○Sさんの場合

Sさんは、以前仕込んでいた際のお話を聞かせてくださった。実はSさん自身は飛島塩辛が好きではない。それでも作らなければならないから作っていた。それほど、飛島塩辛という存在は島の人にとって生活の一部であり、受け継がれるべきものとされていた時代が続いていたのだろう。

・本仕込み

しばらく作ってはいないが、かつては木樽二つで仕込んでいた。塩分調整には、ひしゃくで汲んできた海水を釜で炊いて用いていた。また、塩漬けした具を取り出した後に残る塩ももったいないので、それを煎じて海水に加えていた。

肝臓と塩水の量は、棒でかき混ぜた時の硬さで判断する。棒が自立するほど硬いようだとつゆができないため、塩水を加えて伸ばすことでちょうどいい塩梅にする。

・完成

Sさんいわく、つゆは非常にしょっぱいため、最近では具のみを家庭で仕込み、つゆの代わりに市販のめんつゆを合わせて飛島塩辛風とする人も多いとのことだった。

④飛島塩辛のあれこれ

ここまでで、飛島塩辛には統一された製法があるようでなく、各家庭のこだわりがあることが伝わったかと思う。一方で、この家庭のこだわりは、出荷する際には少し厄介なこともある。庄内の食べ物のあれこれを記録した「庄内の味」（１９７４）では、「それぞれの家々の心がらの開きと加工技能の格差の積み重ねで、今にして製品の優劣を大きく分け、漁業協同組合で一律に集めて出荷はするものの、一つの製造工場での規格製品と違って、ピンは誇るべき絶品からキリは小売の店先で腐敗しているご粗末まで、個性差が露骨に過ぎて、惜しむらくは製品としての規格の統一を欠くのである」（80ページ）と、品質が瓶によって大きく異なることを指摘している。このままではよくないと、石谷の記録（１９９４）には１９８０年代に製品の規格統一と低塩化を目指して仕込み方の改善をはかったことが記録されている。しかし、今回教えてもらった製法は石谷（１９９４）や大澤（２００５）の記録とほぼ一致しており、仕込み方が長い間変わっていないことがわかった。聞き取り中に、渡部さんとＳさんから、「昔（漁協）女性部で低塩分で仕込んだことあったけど、失敗したっけ」というお話があったので、おそらくそれきりだったのだろう。

さて、この飛島塩辛は一体何に分類されるのか、製法を整理することで冒頭とは見え方が変わったのではないだろうか。一般的な塩辛とはまったくの別物であり、一言で言い表すならば「いかやさざえの魚醤漬け」である。島の方々にとっては、魚醤はあくまで塩辛のつゆであり、具こそが塩辛のメインなのだ。

ここまで見てきた飛鳥塩辛の製法は、離島という地理的条件において、たくさん手に入るスルメイカをあますことなく活用しようとする工夫をして形づくられたものであり、島民の生活の知恵が凝縮されている。また、「手に入る分だけしか仕込まない」というスタイルからは。あくまで自然が主体で、それに柔軟に対応して生活していくという考えが見えてくる。常に自然を相手にしている漁師の島であることが由来しているのだろうか。これが島の生活の流儀なのかもしれない。もし飛鳥塩辛がなくなったとしても、この「流儀」は何らかの形で承継されてほしい。

本章を読んで塩辛づくりに挑戦してみる方がいるもよし、これを応用したものを生み出してみるもよしだと思う。この本を手にとったことが、何かのきっかけになれば幸いである。

COLUMN❷ 飛島魚醤を担うモノたち

白石哲也

モノの声

考古学は、物質（モノ）の学問である。これは、遺跡から出土した資料を丹念に観察し、当時の人々の生活や歴史を解明することを目指すためである。それゆえ、僕ら考古学者は、「モノから声を聴け」とよく言われてきた。第7章では、魚醤の作り人や食べる人など、飛島魚醤に関わる「人」の声を丹念に聴いている。それにより、飛島に住む人にとって、魚醤への想いや記憶が、それぞれの人生と深くつながっていることが見えてきた。では、モノから何を聴くのか。これだけ「人」の声を聴けば、「もう十分ではないか」。そんな声も聞こえてきそうだ。しかし、モノからしか見えない世界もある。少なくとも僕らは、そう思っている。このコラムでは、そんな世界を飛島魚醤が貯蔵されている「樽」から見ていきたい。

樽の歴史

そもそも「樽」とは何か。本書では、僕らも読者の皆さんも、樽のことを「魚醤を発酵・熟成させ、保存するもの」と暗黙のうちに定義して使用してはいないだろうか。少なくとも本書においては、それは正しい。現在、僕らの日常生活では樽を使うことはないので、なんとなく樽を見ると、近世絵画に描かれた江戸時代の人々が利用している光景を思い起こす方もいるかもしれない。また、お酒好きなら、ウィスキーなどを貯蔵する洋樽などであろう。ともかく、東も西も樽は、世界各地で利用されてきたことは間違いない。どうやら樽の利用は、数は少ないが、古代ギリシアやローマ時代からあるようだ（松村２０００）。日本では、まげ物のような木製品が同時代の弥生時代から出土している（伊藤・山田編２０１２）。

　定義の話に戻ると、樽は、「結物（ゆいもの）」と言われ、杉や檜などの板を縦に並べ底にして、タガでしめた円筒形の容器を意味する。小泉和子さんは「結樽（ゆいたる）」と呼称することを提唱している（小泉編２０００）。そして、樽は「ものが垂れる」＝「垂り（たり）」からきており、「注器（ちゅうき）」が語源という。注器には木製、土製、金属製があり、樽という字は木偏（きへん）に尊（たっと）いの組み合わせとなる。つまり、「神に捧げる尊い酒壺」という意味で、樽は「神に捧げる入れもの」だったという（小泉２０００、ミツカンインタビュー引用）。

　そんな結樽は、日本列島では11世紀後半から13世紀に博多や箱崎、大宰府の遺跡から見つかっている。その背景には、中国・宋との貿易において大陸で作られたものが貿易を通じて持ち込まれたようだ。その後、14世紀になると佐賀や瀬戸内海方面にも広がり、15・16世紀には関東・甲信越に普及し、棺桶（早桶）などにも使用されるようになる。そして、17世紀から20世紀前になると、円筒形以外にも非円筒や１００石を超える超大型の桶なども出てくる。そして、20世紀後半には瓶やプラスチックの容器などに置き換わっていく。樽の歴史については、これくらいにしよう。

飛島の魚醤樽

魚の貯蔵の例として、鰯（いわし）桶というものがある。

これは、鰯を塩漬けにして保存するものとして使用された。他にも、サンジャクモンという直径と高さが1・5mに及ぶ大きな桶もある。こちらは、魚の内臓を貯蔵して、農家に販売するための肥料にしたようだ（池田2000）。飛島の樽は、同じように貯蔵用の結樽の一つで、板材をタガで結い合わせており、側板の下部には注ぎ口となる栓が差し込まれている。ここから魚醤液を取り出すのだ［❶］。

このような木樽が飛島で使用されるようになるのは、北前船が盛んになる17世紀頃には始まると

❶小屋に残されていた樽にも注ぎ口の栓がある

思われる。昔は、島内にも2〜3軒の桶職人がいたというので、人々の生活に欠かせないものだったのだろう。しかし現在では、かつて魚醤に使われた木樽を見かけることがあるが、それ以外の用途では、ほぼ見ることがない。どこかで、魚醤樽のみに収れんしていったのかもしれない。

僕らが調査をするなかで、「木樽はおいしかった」という発言を複数の人から聞いた。実際に、渡部さんの木樽［❷］の魚醤を飲ませていただいたところ、プラスチック樽［❸］よりも味わいが深いというか、味に広がりがあるようだった。先ほどのウィスキーの話に戻るが、木樽を使用した時のよさは、ウィスキーで使用されるオーク材が、香味を与えることが一般的に知られており、材の香りが酒に移る木香（きが）によって、味がまろやかになるという。同じように、魚醤製作においても、木製樽は工業製品であるプラスチックにはない、味わい深さをもたらすのだろう。

木製樽とプラスチックの大きな違いは、成分の

❷プラスチック樽（渡部さん宅）

❸木樽（渡部さん宅）

内壁への浸透が考えられる。プラスチックでは、壁内へ液体が浸透していくことはないが、木材や土で作られた容器は、内容物が内壁に浸透していく。それによって、徐々に劣化していくし、特に塩が強い場合は顕著である。しかし、成分が内壁に浸透しているために、新たな魚醤を製作すると、それらが新液に作用することは容易に考えられる。他にも杉の香などプラスに働くものは多い。一方で、プラスチック樽は、あくまでそのときに漬けたイカだけである。そうなると、木製樽の方が味わい深くなり、おいしくなるのだろう。

調査メモ❹ 持ち主が島から去った魚醤樽

（第二次調査：２０２３年7月19日実施）

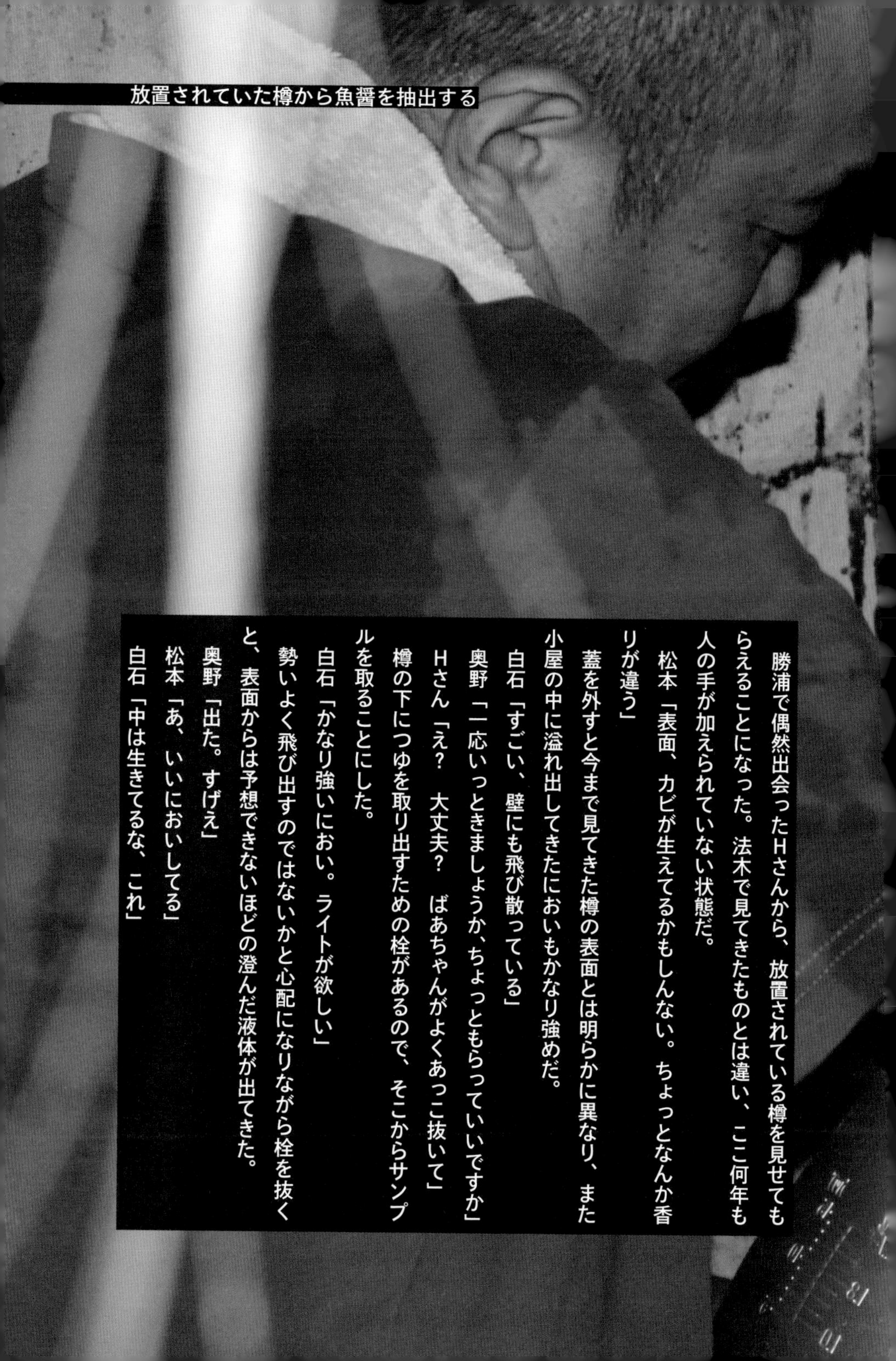

放置されていた樽から魚醤を抽出する

勝浦で偶然出会ったHさんから、放置されている樽を見せてもらえることになった。法木で見てきたものとは違い、ここ何年も人の手が加えられていない状態だ。
松本「表面、カビが生えてるかもしんない。ちょっとなんか香りが違う」
蓋を外すと今まで見てきた樽の表面とは明らかに異なり、また小屋の中に溢れ出してきたにおいもかなり強めだ。
白石「すごい、壁にも飛び散っている」
奥野「一応いっときましょうか、ちょっともらっていいですか」
Hさん「え？　大丈夫？　ばあちゃんがよくあっこ抜いて」
樽の下につゆを取り出すための栓があるので、そこからサンプルを取ることにした。
白石「かなり強いにおい。ライトが欲しい」
勢いよく飛び出すのではないかと心配になりながら栓を抜くと、表面からは予想できないほどの澄んだ液体が出てきた。
奥野「出た。すげえ」
松本「あ、いいにおいしてる」
白石「中は生きてるな、これ」

放置されていた魚醤樽。上っ面は腐敗していたが中は問題なさそうであった

サンプリングした澄んだ液体

樽の栓を元にもどす

第5章
各家庭の味の違いを調べてみた

奥野貴士

魚醤の成分を調べると、
おいしさの違いも見えてくる。

第4章では各家庭で作り方のこだわりがあることがわかった。そのこだわりによってどのように「各家庭で味が異なる」のかを科学的に分析してみる。長浜さんの持っていた「タイがよく釣れる」という古い瓶の中の液体も調べてみた。

※味の評価を行うためサンプルした魚醤の持ち主は匿名表記とする。

魚醤の成分を調べてみた

世界でまだ誰も知らなかったことを最初に知る喜びを味わえる職業の一つが研究者であり、私はまだ優秀な研究者ではないけど、その一端を何回か体験することができてきた。先週も学生が新しい発見のデータを見せてくれて、研究室で二人で細胞が写った顕微鏡の画像をニヤニヤと眺めるという至福の時間を過ごすことができた。外から見たら実に気持ち悪いかもしれない。今回、白石さん率いる魚醤プロジェクトに参加させていただいた一つの理由は、研究者としての好奇心である。世界で初めて、飛島で作られる魚醤の成分を分析し、その味を科学的に表現できるチャンスをいただけたことは、とても光栄であり、これまで生体分子に関する研究をやってきて、よかったと思った。

多くの方が感じるように、飛島という地理的に特異的な場所であることと、数が少なくなった貴重な魚醤は一体何なのか、単純に知りたい。半ば勢いで参加することにしたのだが、魚醤成分調べた経験がなかったので、日本の魚醤に関する文献や書籍を読み、魚醤の味を科学的に表現する分析方法を勉強した。勉強していくと、魚醤の味を科学的な数値で表現できることの面白さと難しさがわかってきた。

この節では、飛島の魚醤の味を科学的な数値での表現を試みた結果について整理してみた。実は、私や高木さん、五十嵐さんと、魚醤の成分分析の打ち合わせの段階で、モヤモヤした妙な不安がよぎっていた。実は、魚醤の製造方法はとてもシンプルで、魚介類の身や内臓に塩を加え、熟成させるだけだ。だから、イカを使った魚醤として「いしり」とあまり変わらないかもしれない。せっかく魚醤を分けていただけるのに、目新しい新しい知見はなく退屈な分析結果になるかもしれない。ところが、調査分析を終え、高木さんの一言に、我々の気持ちがうまく表現されていた。「アミノ酸を分析するだけで、こんなにいろいろな情報がわかるなんてびっくりしました」。決して読者の興味を煽っているのではなく、我々の正直な感想だ。

飛島の調査に同行し、それぞれの家にある樽から魚醤を分けていただき、お話をうかがうなかで、各家庭での作り方やコツがそれぞれにあり、各家庭の魚醤の味が違う可能性が出てきた。そして、飛島の調査から戻り、確信的に思ったことは、飛島の魚醤の味を科学的に表現するということは、個々の家庭の魚醤成分の平均値を出し、「飛島の魚醤の特徴は、〇〇でした」と表現できるものではなく、それぞれの家庭での作り方や味に特徴あることこそが、飛島の魚醤の特徴であることに気づいた。これは、現地に赴かず単純に試料を送ってもらう調査では気づかなかったことである。そして先に結論になるが、各家庭で魚醤成分に違いがあり、それぞれの工夫がその成分として表現ができた。

比べることで理解が進む

この本をここまで読み進めていただき、読者の中には飛島の魚醬を味わってみたい方もいると思う。ただ、飛島の魚醬として、現時点で製品化されていないので、皆様が手にすることはおそらくないだろう。文章だけでは魚醬の味を伝えることは難しいので、飛島の魚醬の味を皆さんに伝える一つの手段として、魚醬の分析結果からその味を間接的にお伝えしたい。ただ、成分分析の結果の数値を○○グラムだったと書いても、なんのことかわからない。単純に分析数値だけでなく、これまで皆さんが食した経験がある、また、手に取りやすい魚醬と比較することで、飛島の魚醬の味に対する理解が進むのではないか。そこで今回、いくつかの他の魚醬を同じ装置で分析を行い比較検討することとした。それぞれの魚醬を作る魚介類が異なるから、成分分析の結果も異なるのは当然なのだが、飛島の魚醬の味を比較し、想像、興味を持っていただければとも思う。

成分の比較分析を行った魚醬は、飛島でお譲りいただけた試料の五つと、市販されている四つの魚醬。Nさん（N）、Nさんのお隣さん（NT）、Tさん（T）、そして、旅館前の倉庫に放置されていた樽（RM）である。あと、飛島の売店で入手した飛島魚醬にサザエを入れたサザエ塩辛の液体部分（SZ）。そして一般に市販されている試料が四つ。ハタハタを原料にした秋田の「しょっつる」（ST）スルメイカの内臓を原料にした能登の「いしる」（IR）山形県酒田市で製造されているアミエビ魚醬（AE）、タイのナンプラー（NP）で原材料はカタクチイワシだ。今回は、この9種類の魚醬の成分分析を行い、味を科学的な数値で比較表現することにした。

分析する項目（遊離アミノ酸と塩分）

魚醤の味を表現する一つの成分として、遊離（ゆうり）アミノ酸がある。遊離アミノ酸分析とは、液体の魚醤に溶けているアミノ酸の種類とそれぞれの量を分析することである。コラム❶で述べたが、魚醤の熟成段階において、魚介類の身や内臓にあるタンパク質が分解されてアミノ酸になること。そして、そのアミノ酸が我々の舌にあるセンサーに結合し、人は味として感じることを紹介した。日本の昆布などのダシに含まれるためグルタミン酸をうま味として感じることはご存じの方も多いのではないだろうか。グルタミン酸は、とても親近感のあるアミノ酸であるが、グルタミン酸だけがあの複雑なダシの風味を醸し出しているわけではない。グルタミン酸以外の19種類のアミノ酸にもそれぞれの味があり、それらアミノ酸のトータルのバランスで人は味を感じている。そして、バランスだけでなく、量（濃度）も大切な要素だ。こちらはわかりやすく、溶けているアミノ酸が多い（濃度が濃い）と「濃厚な味だ！」となりやすく、アミノ酸の濃度が低いと、「あっさりした味～」となる。

つまり、アミノ酸だけが魚醤の味を決めてはいないが、遊離アミノ酸を調べることで、魚醤の味の特徴を表現することができる。そして、魚醤の味を決めるもう一つの大切な数値が塩分である。皆さんも普段の料理で「なにか足りない……」ときに、塩を効かせると味がまとまった記憶ないだろうか。魚醤にはとても高い塩分が含まれており、塩味と味は切り離すことができないため、今回の調査では、各魚醤の塩分についても比較を行った。少し余談ではあるが、実は現在でも、塩味と人が感じる味覚の関係はあまりわかっておらず、塩味が味覚に及ぼす影響については、研究者の間でも議論されている段階にある。つまり、普段我々が「塩味って料理の味を決めるのに大切だよね」という感覚は正しいが、舌にあるたくさんのセンサーが出した情報を脳がどのように処理して人が味としてりかいしているか説明できていない。

魚醤を比べてみた

［1］試食の感想（五十嵐さん、高木さん）と塩分

なにはともあれ、皆さんにお伝えしたいことは「味」である。水産研究所の五十嵐さんと高木さんに試食をいただいた感想と塩分を❶にまとめた。個人的な感想ではあるが、それぞれの魚醤にそれぞれの味の特徴があることと、飛島の魚醤は市販の魚醤と比較しても遜色ない味わいであることがうかがえる。魚醤の味を比較する際には、水で10～100倍程度薄めた状態で試食すると味が比較しやすい。皆さんも比較するときに試してみてほしい。

さて今回の調査で、人が感じる旨さとしょっぱさの関係について、面白い気づきがあった。魚醤の試食をした際に、「しょっぱさ」を強く感じるモノとそうでないモノがあるのだ。実は、Tさんの魚醤と市販のAEは、しょっぱさもあるが同時にうま味を強く感じるためか、角の立った「しょっぱ！」とは、あまりならない魚醤であった。この感想は、別々に試食した私と五十嵐&高木ペアと同じだ。しかし、塩分のデータを見てびっくり、AE、Tさんの塩分は他と同程度かむしろ高い方だった。こ

❶感想と塩分

試料	塩分（％）	試食の感想（五十嵐さんと高木さん）
N さん	25.2	イカのアジする。ふわっと。まろやかだが少し角がある。
NT さん	24.6	甘い。甘味を一番に感じる。角がない。
T さん	27.1	うま味を感じる。複雑なうま味。おいしい。
RM（放置）	27.8	しょっぱい。渋みを感じる。苦い。雑味。おいしくない。古い？
SZ（サザエ）	17.2	薄い。あまり味しない。サザエのにおいする。うま味なし
IR（いしる）	26.7	魚の味。魚の内臓の味する。まろやかでない。苦い。
ST（しょっつる）	28.0	まろやかでおいしい。原料イワシぽい。バランスいい。
AE（アミエビ）	29.4	大豆醤油の味する。エビの味もする。少し角。だししょうゆぽい。
NP（ナンプラー）	27.4	甘い。少しくさみ。まろやか。しょっつるににている。

れは舌に載せたモノを脳がどう処理するかのレベルだが、単純に塩分が高い食品を人がしょっぱく感じるのではないことに気づける。まさか、魚醤を調べる過程で、塩分と味覚の関係に気づくとは思わなかった。食品の成分分析だけでは、味を表現することができない、まさによい例！　塩分の取り過ぎは健康によくなく、近年、塩分を抑える食事が推奨されるが、塩分と味覚を人が感じる仕組みの理解が進むと、塩分を抑えながらおいしい食事が摂れるようになるかもしれない。次の項のアミノ酸の濃さでさらに、魚醤のしょっぱさとうま味の関係が明らかになる。

［2］遊離アミノ酸の濃さ

魚醤に溶けている遊離アミノ酸の濃度を比較してみた［❷］。正確さは欠けるかもしれ

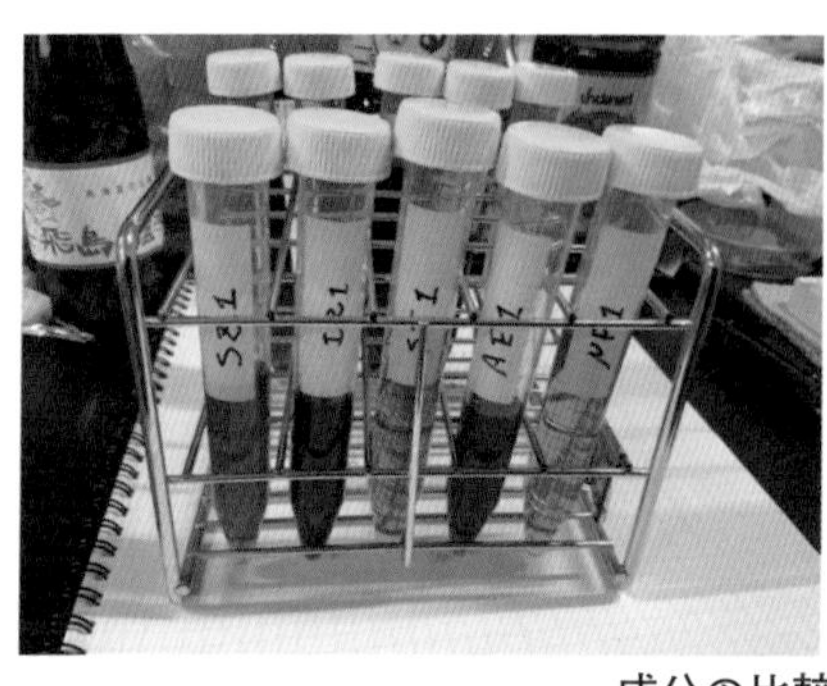

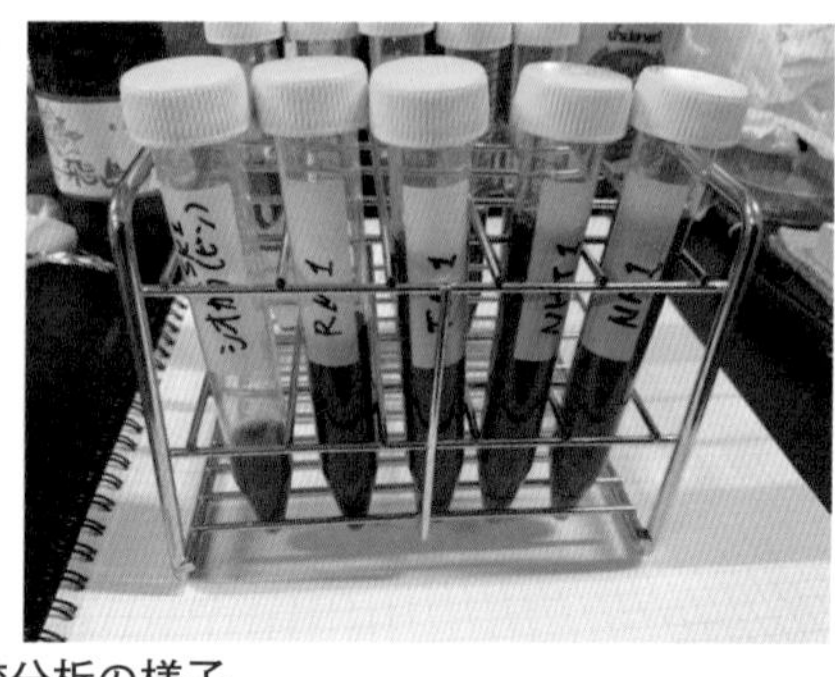

成分の比較分析の様子

ないが、単純に言えば、「濃厚」か「あっさり」という表現であろうか。もちろん、アミノ酸の濃度は一つの目安であり、食味した際の味の濃さを表現するすべてではないことをご承知いただきたい。そして、今回20種類のアミノ酸以外の物質も計測しており、それらを合わせて「濃さ」として表現した。棒グラフの数値が大きいほど、遊離アミノ酸の量が多いことを示す。

まず驚いたことは、飛島の家庭で作られる魚醤が市販の魚醤と同じ程度もしくはそれを超える数値だったことにある。たとえば、Tさんの魚醤はしょっつる（ST）以上、ナンプラー（NP）と同程度の数値を出している。つまり、飛島魚醤はきちんとアミノ酸が液体中に溶け出し、熟成がきちんとなされているモノである。現役の飛島魚醤だけ（N、NT、T）で比較すると、アミノ酸の濃度には倍程度の差があったのは驚きである。もちろん「濃厚」か「あっさりか」のどちらがよいかは人それぞれの好みなので、使う料理や楽しみ方が変わるのも楽しい。味の深みという点では、タウリンという成分に大きな特徴があったので注目、言及する。タウリン自体は無味無臭だが、「まろやかさ」や「濃厚さ」を感じさせる摩訶不思議で影

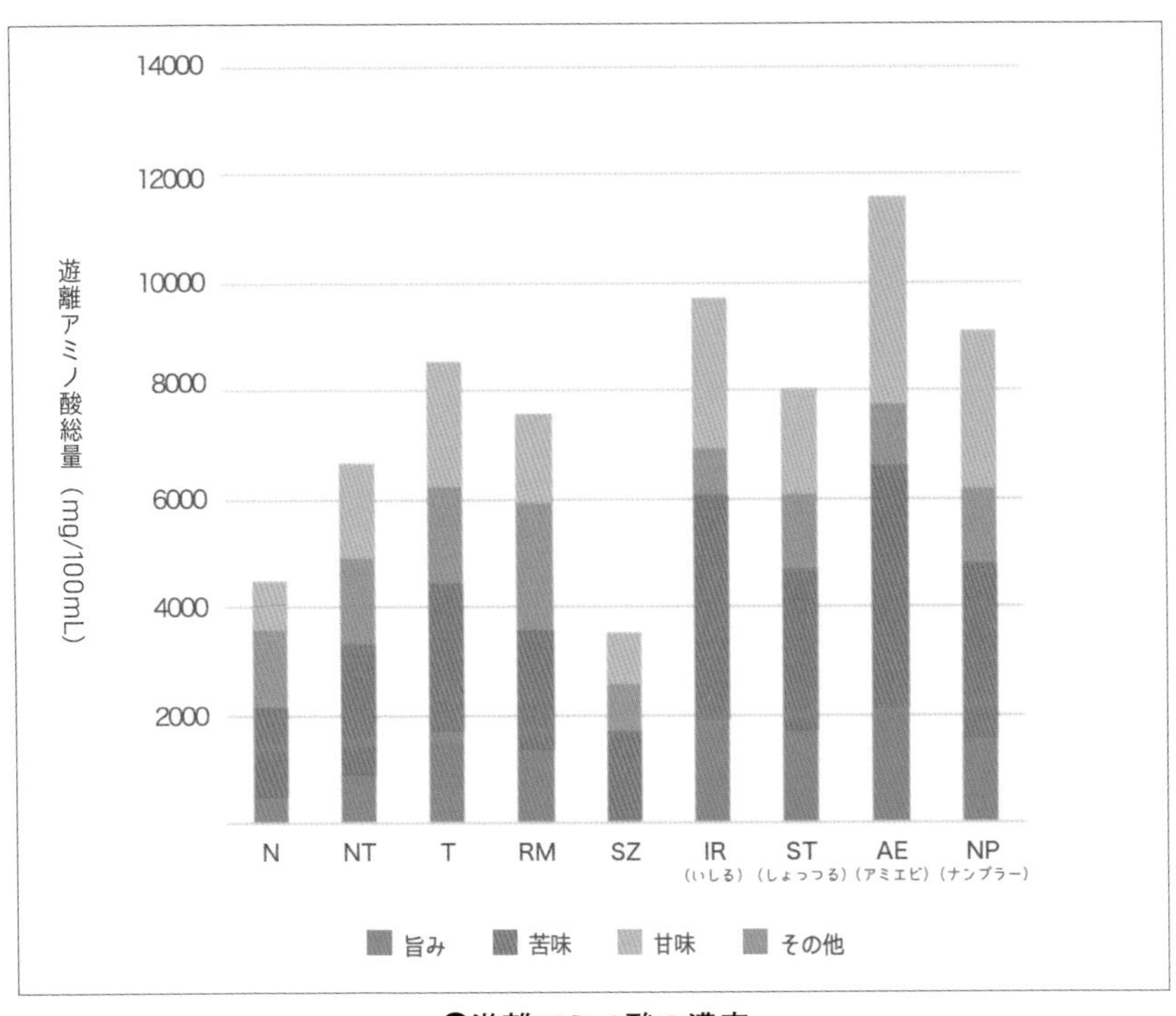

❷遊離アミノ酸の濃度

の立役者的な成分の一つである。だから、曖昧にしか表現できないが、タウリンの量が多いと味がよいかもしれないという程度にしておく。すると、今回調査した試料の中でRMが一番多くて、その次が市販のAE、第3位がTだった。Tの魚醤の試食の感想によりうま味を感じたことと関係するのかもしれない。樽に放置してあった魚醤が一番多かったのは、タウリンは分解されにくいので、置けば置くほど多くなるのか？　そのあたりは専門家による知見が必要である。さて、魚醤の塩分が濃いほど「しょっぱい」と感じるわけではないことを前述したが、アミノ酸の濃さを分析してみて、さらに気づいたことがある。インタビューの際、Nさんから「あの時のは、いつもよりしょっぱいヤツだった」という感想がもれた。もしかすると、塩を入れる量はいつも同じだったとすると、Nさんからしてみれば、なんでしょっぱいんだ？と思うはず。少なくとも事実としてNさんの塩分は25％程度あり、多いわけではない。Nさんのアミノ酸の量を見てみると、他の方よりも少ない。つまり、塩分が多くてしょっぱく感じたのではなく、まだ熟成が進んでいないからしょっぱさが先に感じたのではないだろうか？　もう少し熟成が進み遊離アミノ酸が多くなるとうま味が先行し、塩味を感じなくなるのではないだろうか。

［3］タコを入れたかわかる探偵

次にアミノ酸の成分から、お宅の魚醤にタコを入れたのがバレるかも!?　という話だ。五十嵐さんと高木さんの発見だった。

現役の飛島魚醤の三つの試料のデータを比較すると、なぜかTさんの試料だけアスパラギン酸とセリンという種類のアミノ酸だけ突出して多いことに気づいた。NTさんと比べるとその量は、不思議なことにいずれのアミノ酸も5倍程度。そこは、水産研究所の研究員。ピンときた。インタビューで、Tさんは、タコをたくさん入れるという証言をしていた。コラム❶でも紹介したが、それぞれの生き物が持つ20種類のアミノ酸のパターンには特徴があり、イカに多いアミノ酸とか、タコに多いアミノ酸とかがある。つまり、魚醤にタコをたくさん入れるとタコに多く含まれるアミノ酸が多くなる可能性がある。文献を調べるとタコの特徴として、アスパラギン酸とセリンと呼ばれるアミノ酸が他よりも多い。その話を聞いて、鳥肌が立った。恐るべし、研究者の鋭い感性と分析の力。タコを入れた方がおいしくなるのか、ならないのかは、ここでは置いておいて、タコを入れると魚醤のアミノ酸成分に影響していることがわかった。科学の力すごくないですか！

今回の分析結果だけで、タコの成分であるときちんと結論づけるのは証拠として異論があるかもしれないが、少なくとも今回の分析から、その可能性を示しただけでもとても意義があり、素直に面白い。魚醤に溶けているアミノ酸の分析結果の特徴を、インタビューやこれまでの経験を活かして紐解くことができた五十嵐さんと高木さんはまさに、と犯人を特定する名探偵のようであった。「あなた、魚醤にタコ入れましたね……」。

【4】火入れをしてない!?

成分分析からわかったことをもう一つ。今回の分析で「尿素」という物質も分析できている。その名前から……嫌がらないでください。尿素という物質は、私たち人間を含めた哺乳動物では、細胞活動で出てきたアンモニアを尿素にかえて、水に溶かして体の外に出す役割を担っている。魚醤に含まれる尿素を分析すると、現役の飛島魚醤にだけに尿素が含まれることがわかった。「これはどういうこと？」名探偵たちがまた頭を働かせた。尿素は水溶液中で熱を加えると他の物質と結合したり分解したりしやすい性質があり、つまり不安定な物質と言える。魚醤の製造過程では火入れと呼ばれる工程がある。火入れは魚醤を加熱することで、殺菌、酵素類の失活などによる製品の品質の安定化に重要な工程である。加熱温度や時間は、それぞれの製造者のノウハウがあるので、温度や時間は異なる。飛島で作られている現役の魚醤は火入れをしていない。飛島魚醤とともに比較分析した市販の魚醤が火入れしているかはわからないので、ここも確証はないが、火入れの工程が尿素の有無に影響するのかもしれない。そして、放置されていた魚醤では、長い期間をかけて尿素が分解された可能性がある。

［5］瓶の中の古い液体の正体は？

最後に、長浜さんがタイの擬似餌（ぎじえ）［3］に使っていた、謎で魅惑の褐色の液体［4］の解析を（無理やり）行った。無理やりというのは、遊離アミノ酸分析は基本的に水に溶けているモノを分析する。長浜さんから分けていただいた謎で魅惑の液体を研究室で物性調査をした。仰々しく書いたが、試験管で単純に水に溶かしてみた。正直、焦った。褐色の液体は、まったく水に溶ける気配がない。むしろ水に溶けることを拒否していた。水に溶けないと分析ができない。私は、「まあ、ちょっとは溶けているよね」と無責任でてきとうに判断し、高木さんと五十嵐さんに分析をそのまま依頼してしまった。言い訳になるが、油の成分中に混ざっている水に可溶性の物質が含まれていれば、水に溶け出しているはずだと、根拠のない自信があった。ごめんなさい五十嵐さん、高木さん。いろいろとご苦労をおかけしたが、わずかであるが遊離アミノ酸の分析でいくつかの成分が検出された。検出された物質の一つがタウリンであった。タウリンは前述したように、魚醤の味を深める役割があるが、そもそもタウリンは魚介類に多く含まれる物質で、陸上の植物や動物にはほとんど含まれない物質である。もちろん、この結果だけで結論には至らないが、長浜さんが使っていた褐色の液体の成分からタウリンが検出されたことは、その原料に魚介類が使われていることが示唆される。長浜さん、そのタイの餌は、魚介類が使われている可能性があります。においからして……イカですよね!?

❸タイの擬似餌

❹褐色の液体

[6] 魚醤樽の微生物群のポテンシャル

今回の調査終了時点において、予算の都合上、飛島魚醤樽中の微生物群を表現することができなかった。しかし、次の研究へとつなげるために予備的な実験（試み）を行うこととした。研究を少しでも前に進める手がかりや方向性を示すための予備実験はとても大切である。とにかく前に進めること。また実験テーマにする問いは、直球でより多くの方に同意いただけるわかりやすいものがよい。今回設定したテーマは、「飛島の魚醤樽の微生物は風味に寄与するのか？」である。

9月、鮮魚屋で新鮮なイカを購入し、肝を取り出し、滅菌してある三つの試験管に入れて、①塩を25％程度加えた、②塩を25％程度と飛島魚醤を加えた、③肝のみの三つの条件で、37度で1カ月程度インキュベートした。飛島魚醤には魚醤樽の微生物が含まれているので、微生物群の有無が魚醤の風味に与える効果の手がかりが得られるのではないかと考えた。1カ月後、それぞれの試料は褐色を呈していた。魚醤油が褐色に呈する理由として、酵素が関与しないアミノ－カルボニル反応などが関与すると言われており（高村1998）、素人の私が試験管で行った実験においても、きちんとアミノ－カルボニル反応が進んだと思われる。

さて、肝心の風味であるが、三つの試験管の香りはまったく異なった。肝だけ入れた試験管③は、生臭く食味はやめた。飛島魚醤を加えた試験管②の香りは、①よりもコクがあり複雑であり明らかに両者に違いがあった。人生で初めて作る魚醤、おそるおそる食味をしてみた。ごく個人的な感想ではあるが①はいわゆる塩と少し魚醤っぽい味がした。塩味＋αという印象であった。飛島魚醤を加えた②は、複雑でコクのある味を呈したが、雑味と油味が増し、分けていただいた飛島魚醤には遠く及ばない味となった。香りはとてもよかったのだが、少し残念であるが、まだまだ改善の余地がある。

今回の予備的な実験（試み）では、飛島の魚醤樽の微生物群をスターター（種菌）として、魚醤の発酵を検討した。結果として、おいしい飛島魚醤の大量生成には至らなかった。ただ皆さんにお伝えしたかったのは、魚醤樽の微生物群をうまく活用できる可能性があることである。

魚醤の熟成中の微生物の関与は、１９７０年代には注目され、魚醤の熟成に関わる微生物の単離、同定がなされ（森1977、森1979）、また、熟成中の微生物の風味などへの関与も報告がなされてきた（中里2002、高井1992）。そして近年では、次世代シークエンサ等の技術革新に伴う魚醤樽の細菌叢の網羅的な同定（野間2022）や、メタボローム解析による代謝物の網羅的かつ動的な解析も可能であり、それら技術により飛島魚醤の微生物群の特徴や特異性が明らかになることが期待される。

第6章
イカが消えた海
山形県・日本海北部エリアの漁業

高木牧子

飛島魚醤の危機は、高齢化だけじゃない。
日本海に異変が起きていた！

飛島での聞き取り調査で頻繁に聞いた「イカが獲れない」という言葉。これは飛島だけの問題なのだろうか。山形県を含む日本海北部エリアの水産の現状、そして漁業関係者や水産研究所はその現状にどのように向き合っているのかをお届けする。

急速に変わりゆく海

近年、海の状況は私たちの予想をはるかに上回るスピードで急速に変わっていると実感している。これまで山形県庄内地域の食文化に深く根付いていた「夏イカ（スルメイカ）」や「口細（マガレイ）」、「ハタハタ」といった魚は、今年は市場に行っても本当に見えなくなり、庶民の口には入らない高級魚になってしまった。昨日いた魚が今日いないという感覚になるくらい急速に海の状況は変化していて、浜に行っても「魚がいない」「何も獲るものがいない」という声ばかりで、何もできない自分が歯がゆく漁師さんの顔を見に行くのも辛かった。

私が現在所属している山形県水産研究所では、毎朝10時に職場の目の前の海で海水温を計測している。猛暑であった令和５（２０２３）年の夏は平年に比べて海水温が２度～４度程度高い日が続き、８月25日には１９７０年以降で過去最高となる30・８度（平年比＋４・２度）を記録した。また、近年の傾向として顕著なのが、日較差（一日のなかでの最高水温と最低水温の差）が大きいことも挙げられる。一説では、変温動物である魚にとって１度の変化は人間にとっての10度に相当すると言われるほどであり、近年は魚にとって非常に厳しい環境になっているということは想像に難くない。

目に見えて魚が獲れなくなってきている状況のなかで、それでも海に生きる者としてはなんとか打開策を見つけていかなければならない。これまでは、量を獲ってなんぼの世界だった漁師さんも、量が確保できないとなると、魚1匹あたりの単価を上げる方向にシフトせざるを得なくなってきている。

スルメイカ

ハタハタ

山形県初のブランド施策

私が山形県庁に入庁したのは平成18（2006）年であるが、ちょうどその頃から海の変化というのは次第に顕著になってきていたように思う。その変化を語るうえで欠かすことのできないのが、「庄内おばこ®サワラ」という山形県を代表するブランド魚であろう。

庄内おばこ®サワラ

　山形県沖でサワラがまとまった量が水揚げされはじめたのは平成17（2005）年頃からである。私が大学院を卒業して山形県に戻ってきた時期と、サワラが山形県まで回遊するようになった時期がほぼ同時期なので、私は勝手にサワラという魚にシンパシーを感じている。それ以前は、南方系の魚であるサワラは山形県ではほとんど水揚げされることはなく、地元には食文化すらなかった。その頃の山形県の水産施策というのは、「栽培漁業」と言ってヒラメやアユなどの地域にとって有用な資源を作り放流して増やすこと、漁期や漁法などのルールを決めてそれらの資源を保護しながら利用していく「資源管理」、そうして獲った魚をより多くの人に食べてもらうための「魚食普及」などが主なものであった。

　これまで地元ではたまに市場に上がっても見向きもされなかったサワラに最初に目を付けたのが、はえ縄漁師の鈴木重作さんである。重作さんは独自に研究を重ね、「神経締め」という方法でサワラを処理することでどこにも負けない品質のサワラを作り出した。初めてこのサワラを刺身で食べさせてもらったときの感動は今でも忘れられない。とびきり新鮮な刺身のサクサクとした歯ごたえはありつつも、脂とうま味が口いっぱいに広がり、本当に、こんなおいしい刺身は初めて食べたと感じたの

である。そして、このサワラと重作さんの熱い思いに魅了された仲間が集結し、平成22（２０１０）年に「庄内おばこ®サワラ」というブランドが立ち上がったのである。

その頃私は庄内総合支庁水産課（現水産振興課）で漁業調整の仕事をしていたが、私のうしろの席で普及指導員の先輩方がいつも熱くブランド化戦略を議論しているので、否応なしにサワラの話は聞こえていたし、何か楽しそうなことが始まる予感がしていた。まさにこのサワラのブランド化は山形県の水産施策として初めてブランド化に取り組んだ事例であり、量を獲る漁業から付加価値向上の漁業へのターニングポイントであったと思う。そして次の年、私は普及指導員となり「庄内おばこ®サワラ」の担当を引き継ぐことになった。このサワラを日本一のブランドにしようという心意気で集まった漁師さん、漁協、仲卸、料理人、県の行政、水産試験場の担当者、皆の努力と情熱で、平成25（２０１３）年には当時の築地市場で日本一のサワラと呼ばれるまでになり、名実ともに「庄内おばこ®サワラ」が山形県の水産業を引っ張るトップブランドとなったのである。

私は平成27（２０１５）年～28（２０１６）年の2年間は単身赴任で県庁の農林水産部水産振興課に配属となった。この頃県庁では、年々厳しくなる漁業の実態を受け、加工や活魚出荷などの魚の付加価値向上の取り組みに対する支援や、サワラに続くブランド魚の創出になどの施策の立案が今まで以上に求められるようになっていた。「庄内おばこ®サワラ」の成功がもたらした影響は非常に大きく、身近に成功事例があることが他の漁師さんや県職員にとっても、自分たちでもやればできるという自信になっていたように思う。平成28（２０１６）年には私が担当した事業として「庄内浜ブランド創出協議会」が新たに設置され、漁業者、漁協、流通、料理人、市町、県が一体となってブランド化を推進する体制が構築された。現在では、「サワラ部会」の他に、「トラフグ部会」、「ズワイガニ部会」、「イカ部会」が設置され、サワラに続けといった具合に部会ごとに付加価値向上の取り組みが行われている。

このサワラの成功の裏には、現在の私の職場である山形県水産試験場（現・水産研究所）が果たした役割も少なからずあったことも、立場上触れておかなければならない。通常、サワラは鮮度落ちが早いため西京漬けなどの加工品として食べられることが一般的であったが、「庄内おばこ®サワラ」は神経締めを施すことにより通常のサワラよりも高鮮度が長持ちし、刺身で食べられる期間を1週間以上に伸ばすことが可能となった。このセールスポイントを水産試験場がK値という鮮度の指標を用いて科学的に示したことで、ブランド化に一役買ったのである。またブランド化したあとも、水産試験場が詳細な抜き打ちチェックを行い、改善すべき点があった場合は漁師さんにすぐさまフィードバックすることで、ブランドの品質を高水準で維持している。ブランドの立ち上げから14年経過した現在（2024年）でも全国でトップクラスの品質と評価を維持していることは、浮き沈みの激しい水産業界では胸を張れる成果であると思う。

「おいしい魚加工支援ラボ」の誕生

私は平成29（2017）年に水産試験場に異動となった。そして、さっそくサワラを含めた鮮度保持技術開発の担当となった。しかし当時の水産試験場には鮮度保持技術を研究する部門はなく、研究機材もまったくと言っていいほどそろっていなかった。そのため「庄内おばこ®サワラ」の歴代担当者は、言葉は悪いが片手間で研究せざるを得ないような状況であった。このときの水産試験場は「浅海増殖部」と「海洋資源部」の2部構成で、魚を増やすことで漁業生産を増やそうという従来からの目的のもと、栽培漁業や資源管理などの調査研究が中心に行われていた。

私も最初の1年は「海洋資源部」に所属しており、船で沖合調査に出かけその年のハタハタなどの資源状況を調査して資源動向の予測に役立てるような仕事がメインであった。しかし、この頃になると資源の減少はさらに顕著になってきており、魚の単価を上げないことには漁家経営が成り立たない状況になっていた。この頃業界から寄せられる試験研究の要望は、漁獲後の付加価値向上やブランド化に関するものが増えており、技術的にも神経締めなどの鮮度保持技術や活魚出荷の方法、加工も含めた漁獲後の魚の取り扱いに関するものにシフトしてきていた。こうした世の中の動きに応えるため、平成30（2018）年4月に水産試験場の組織改編が行われ、漁獲後の鮮度保持や加工技術を専門に研究する「資源利用部」が新たに創設されることとなった。同年10月には新たな施設「おいしい魚加工支援ラボ」が本館の隣に完成した。そして私は資源利用部の記念すべき（？）初代の研究員に任命されたのである。

そして、魚醤の開発へ

資源利用部のテーマは、一言で言うとずばり「付加価値向上」である。付加価値向上にも大きく分けて二つの方向性があり、神経締めなどの鮮度保持技術による付加価値向上、もう一つは加工することによる付加価値向上である。水産研究所には昭和40年代までは加工の研究部門もあったようだが、それ以降加工部門は廃止となったため、ノウハウの継承もされておらず、研究員も食品分析や食品加工を専門とする者が一人もいなかった。当時私とともに初代の研究員となった再任用のHさんと二人、なかなかの苦労を味わった。鮮度保持技術開発の方の苦労話も山ほどあるが、今回は魚醤開発につながる加工の方の話をしたいと思う。やっとこの本のテーマの魚醤の話が出てきたが、なぜ我々が魚醤開発に手を付けたかと言うと、最初の理由は「簡単だから」である。

水産加工素人の二人がいきなり加工品開発をやれと言われても、他県の加工先進地にかなうものができるはずもなかった。そもそも、山形県には大規模な水産加工業は発展してこなかったため、個人で取り組めるレベルの加工が想定されていた。魚醤は昔からある伝統的な水産加工品であり、原材料は魚と塩だけという代物である。これなら山形県で想定している小規模な加工業でも簡単に取り組め

ノロゲンケ

るだろうと考えたのだ。しかし、他県でやっていることを後追いしても太刀打ちできない。山形県独自のものを目指さなければいけないと考えていた。そこで目を付けたのが、「ノロゲンゲ」という魚である。

この魚は山形県では低利用魚と呼ばれ、見た目が少々万人受けしないこと、エビ狙いの操業で意図せず大量に網に入って、高価なホッコクアカエビの選別の邪魔になったり、エビにノロゲンゲのぬるぬるがまとわりつくことから厄介者（やっかいもの）扱いをされていた。しかし獲れる魚が年々減ってきているなかで、これまで低利用とされていた魚も利用価値を高めていくことも重要である。ぬるぬるしていて小骨も多く加工するにも手間がかかるノロゲンゲにとって、そのまま塩と一緒に漬け込むだけの魚醤はぴったりの加工法であったのだ。こんなことでＨさんと一緒に仕込んだノロゲンゲの低利用魚魚醤だが、伝統的な製法では完成には１年以上かかる。じっくり魚醤を熟成させていると、令和３（２０２１）年に大学を卒業したばかりの五十嵐悠さんがＨさんの後任として入ってきたのである。

悠さんに引き継がれた低利用魚魚醤は、今では予想外（よい方に）の展開を見せはじめている。もちろん、この飛島塩辛（魚醤）の研究に誘っていただけたこともそうである。そして、悠さん

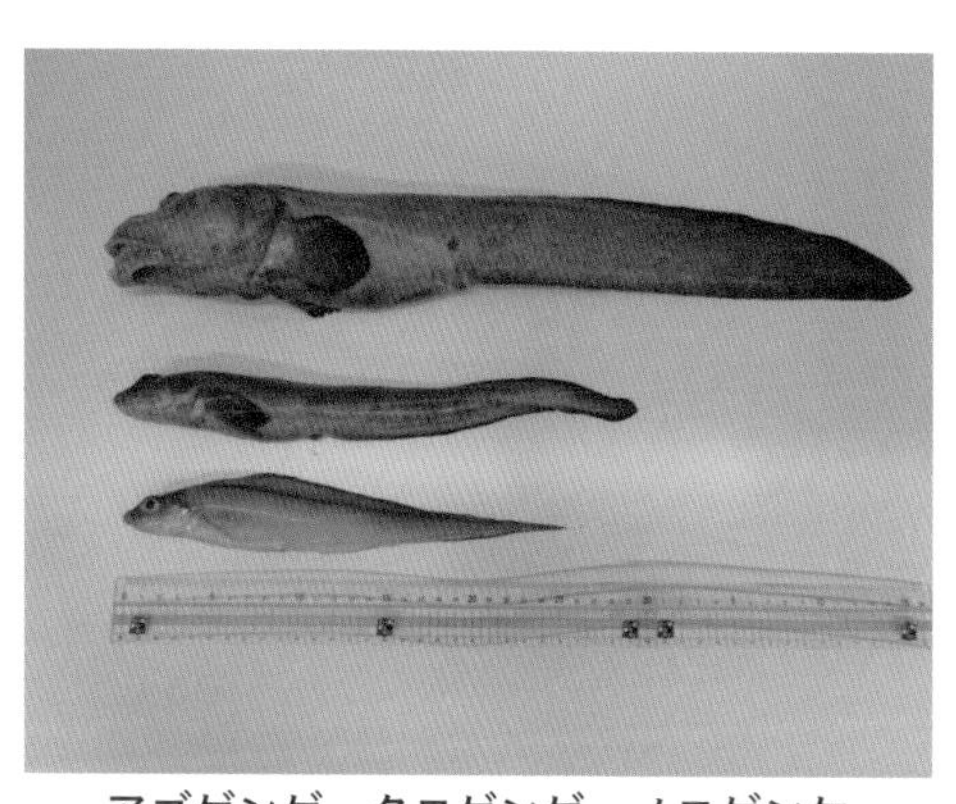
アゴゲンゲ、クロゲンゲ、ノロゲンケ

が新たに仕込んだ新たな未利用魚、アゴゲンゲとクロゲンゲ魚醤ももしかしたら近いうちに大きく羽ばたきそうな話も出てきている。

日本海に面する山形の漁業事情

さて「日本海」と聞いて皆さんはどんなイメージをお持ちだろうか。灰色でどんよりした空と海、大荒れの波、そしてその波に向かっていく漁船の姿を思い浮かべる方が多いのではないだろうか。私も海のない内陸地方の山形市出身なので、まさにそんな感じのイメージを持っていた。今では海沿いの庄内地域に住んで17年近くになるが、日本海のイメージは半分覆った。半分というのは、夏と冬で海の表情がまったく異なるからである。夏の日本海は本当に穏やかで、真っ青で透明度が非常に高い。夕方には海に沈む夕日が海全体を真っ赤に染める。私の日本海のイメージとは真逆である。しかし、冬はイメージ通りと言うか、それ以上の厳しさである。青空と太陽が見られる日はほとんどなく、雷がしょっちゅう鳴り響き、１週間以上時化ることは当たり前。７メートル以上の波が予想される日には海岸通りの県道は通行止めになる。私の通勤経路がその海岸通りの県道のため、通行止めになった日は迂回路である田んぼ道を吹雪の中いつもの倍近くの時間をかけて通勤することになる。私の苦労はそんな程度であるが、海が仕事場の漁師さんの苦労は半端ではない。

山形県は北は秋田県、南は新潟県と接し、海岸線はほぼ南北に直線状に伸びている。海岸線延長は約１１０キロメートルで、海のある都道府県の中でもっとも短い。県唯一の有人離島、飛島を加えると総延長１３４キロメートルになり、鳥取県に次いで2番目に短い県になる。この直線的で湾などの静穏域がない海岸線ゆえ、山形県の漁業に養殖業は発達していない。一方で、山形県の沖合には大瀬や明石礁などの天然礁やタラ場、アラ場と呼ばれる漁場があり、そこには様々な魚が集まる。それらを追って船で漁をする漁船漁業というスタイルが主である。つまり山形県に水揚げされる魚はすべて天然物なのである。すべてを日本海の恵みに頼っている漁師さんであるが、11月頃から日本海特有の北西の風が強く吹き、時化（しけ）の日が増えてくる。このため山形県の漁師さんは年間３６５日のうち１２０日程度しか出漁できない。この期間で1年間の収入を確保しなければいけないという厳しい環境なのである。

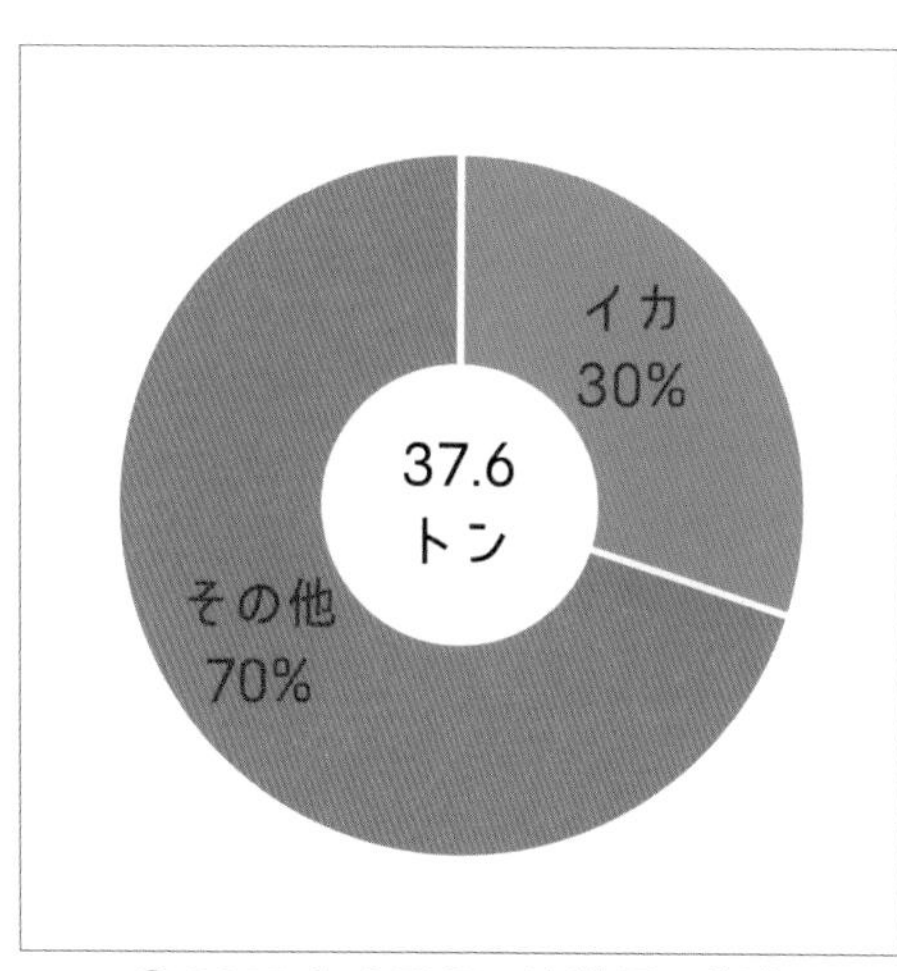

❶ 2022年山形県の漁獲量の割合
全体の漁獲量の３分の１がスルメイカ

山形県の生産1位のスルメイカ

ここで山形県の漁獲量と生産額トップ3をそれぞれご紹介しよう（２０２２年山形県漁協統計）。漁獲量の第1位はスルメイカ、2位はマダラ、3位はベニズワイガニである。生産額の第1位はスルメイカ、2位はタイ類、3位はズワイガニとなっている。意外に思う方もいるかもしれないが、「スルメイカ」が漁獲量と生産額ともに山形県の第1位で、全体の漁

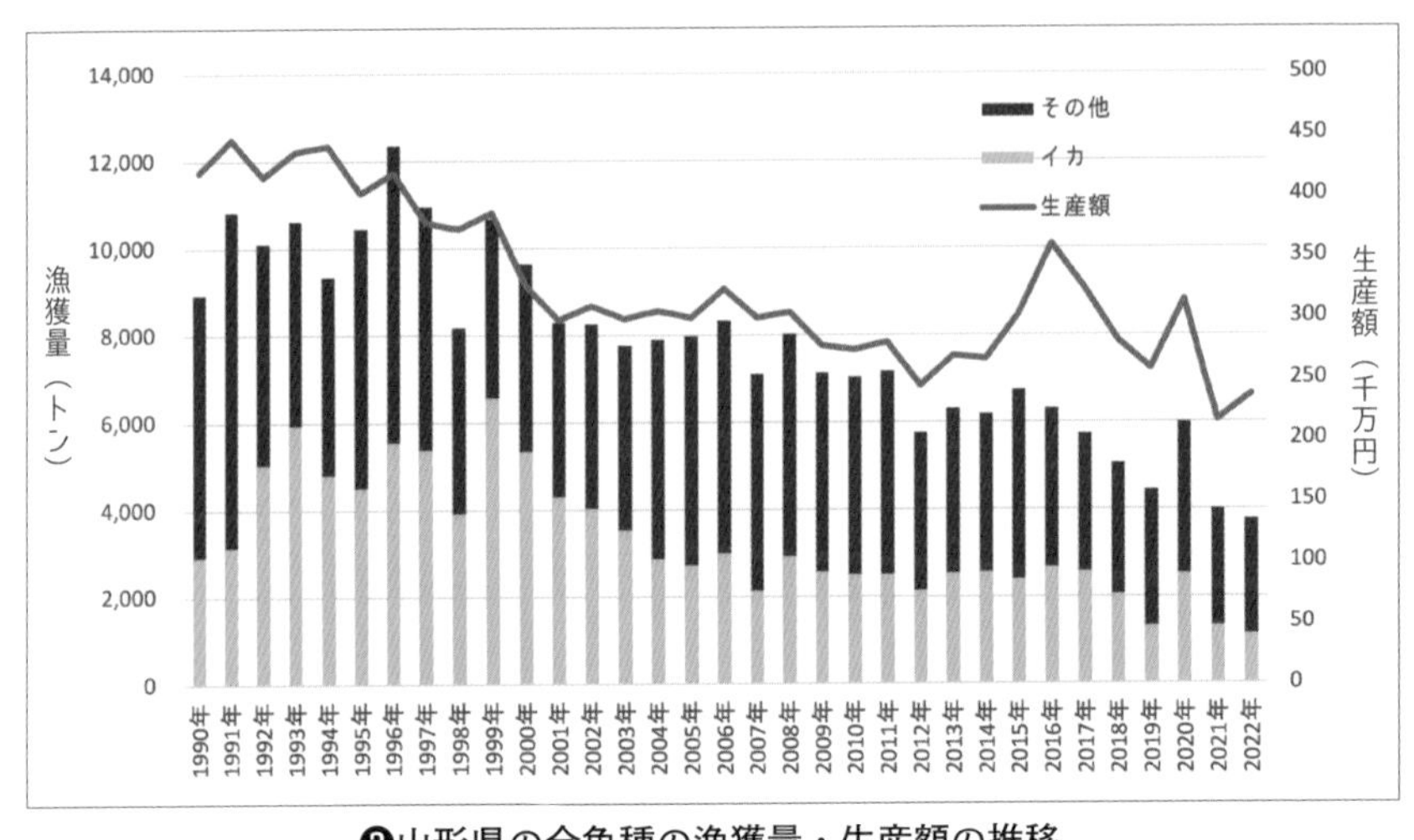

❷山形県の全魚種の漁獲量・生産額の推移
山形県全体の漁獲量も減少の一途を辿っている

獲量の3分の1がスルメイカである［❶］。酒田港は、函館港、八戸港、小木港と並ぶ日本に四つしかない「船凍イカ」を水揚げする拠点港の一つになっている。船凍イカというのは、釣り上げられてまもなく船上で凍結されるため非常に鮮度がよく、スーパーでよく見るようなイカそうめんなどに加工されて私たちの食卓に上っている。船凍イカを水揚げする中型イカ釣り船は6月に出航すると翌年の2月頃まで日本海で操業し、季節によって変わるスルメイカの漁場を追いながら石川県沖の大和堆や北海道沖の武蔵堆（むさしたい）、時にはロシア海域で操業を続けるのである。かつては日本屈指のイカの好漁場が飛島周辺にあったことから、飛島の漁業はイカで繁栄した。今でも中型イカ釣り船団の漁労長は飛島出身者が多く、イカの島としての伝統が受け継がれている。

一方でスルメイカの漁獲量は年々減少しており、それに伴って山形県全体の漁獲量も減少の一途を辿っている［❷］。令和４（２０２２）年の漁獲量は平成２（１９９０）年以降過去最低を記録し、もっとも漁獲量が多かった１９９０年代の３分の１程度にまでなってしまった。近年のスルメイカの不漁については、先述した通りの海水温の上昇などによってイカの生育条件に合わなくなってきていることなどが考えられているが、はっきりしたことはわかっていない。日本海の南部や東シナ海で生まれ成長しながら日本海や太平洋を北上して北海道や千島列島まで回遊するスルメイカの減少は、山形県だけでなく日本全体として深刻な問題になっている。

伝統と結びついた魚たち

山形県の漁業の特徴としてよく使われるのが、「少量多品種」という言葉である。山形県において中型イカ釣り漁業のように大きな船で１種類の魚だけを獲る漁業というのは稀で、ほとんどの漁師さんが日帰り操業で季節によっていろんな魚を獲っている。漁業種類としては底びき網漁業、ごち網漁業、べにずわいがにかご漁業、定置網漁業、張網漁業、さし網漁業、はえ縄漁業、一本釣り漁業、採貝藻漁業などがある。夕方ごろに漁港に行くと、家族や親戚が今や遅しと船の帰りを待っていて、船が到着するや否や今度はご家族にバトンタッチして魚の種類や大きさごとに箱詰めする作業が行われる。

市場に水揚げされる魚の種類は年間約１３０種類にもなると言われ、季節によって獲れる魚もまったく変わるのである。春と言ったら、桜マス、タイ、口細、夏はイカ、岩ガキ、キスは必ず食べなく

サクラマス

マダイ

ちゃ、といった具合に四季折々においしい魚が次々登場するので、食べる方も結構忙しい。地域の伝統行事や四季折々の食文化と結びついている魚も数多くある。たとえば、庄内地域の春祭りに欠かせないのが「マスのあんかけ」、梅雨時期においしくなる「梅雨ごんた（マガレイ）」、12月の大黒様のお歳夜には「ハタハタの田楽」といった具合である。最近はこれらの魚はめっきり獲れなくなり、スーパーでびっくりするような値段で売られているのを見るようになってしまったが、この季節になったらこの魚を食べるというのは、地元の人たちに染みついているように思う。

獲れなくなってしまった

山形県の唯一の離島である飛島は、漁業の島である。島の周辺には良好な漁場があり、スルメイカはもちろんのこと、トビウオやメバル、アラメやワカメなどの海藻、アワビやサザエなどがたくさん

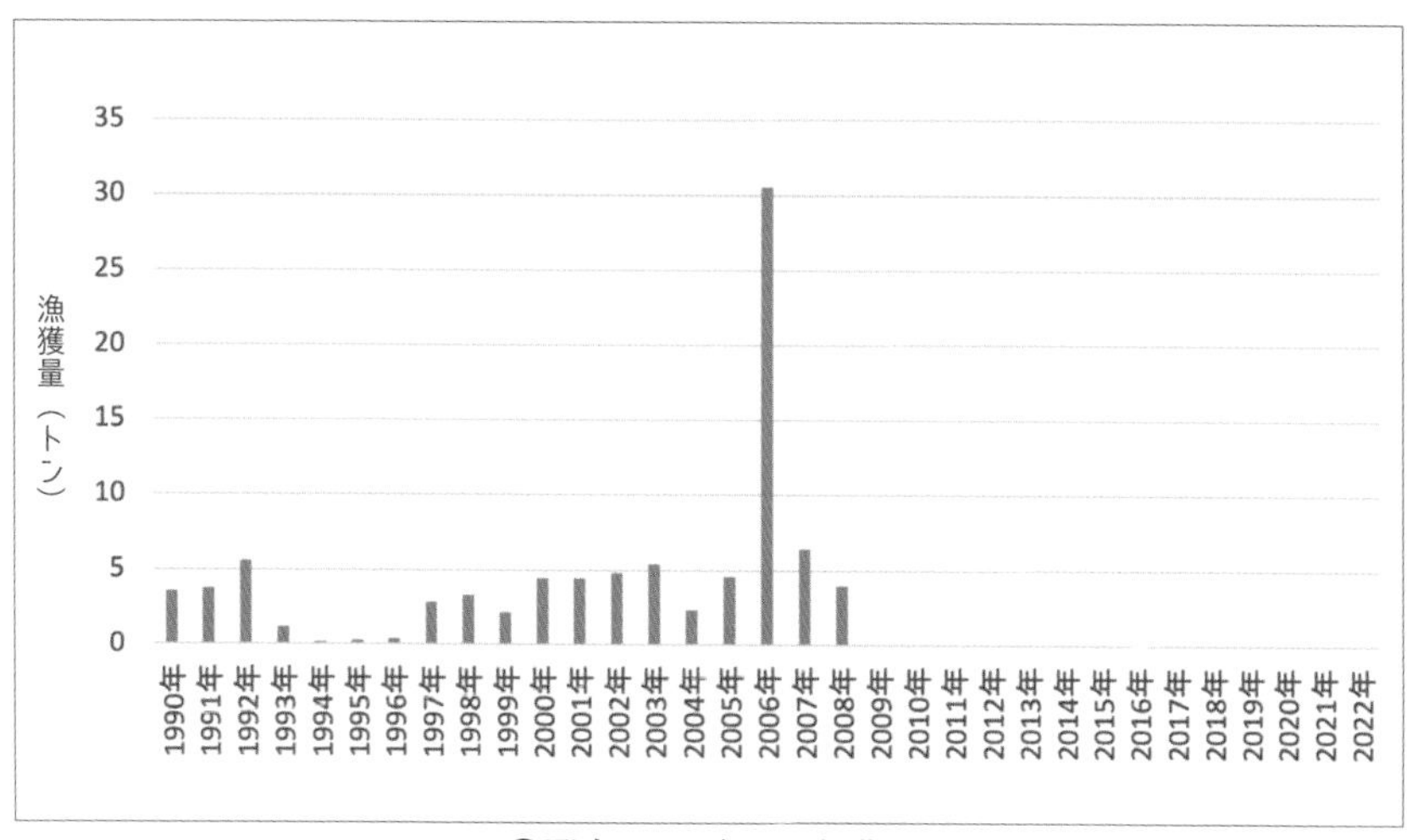

❸飛島のトビウオ漁獲量
2009 年頃から島から姿を消したトビウオ

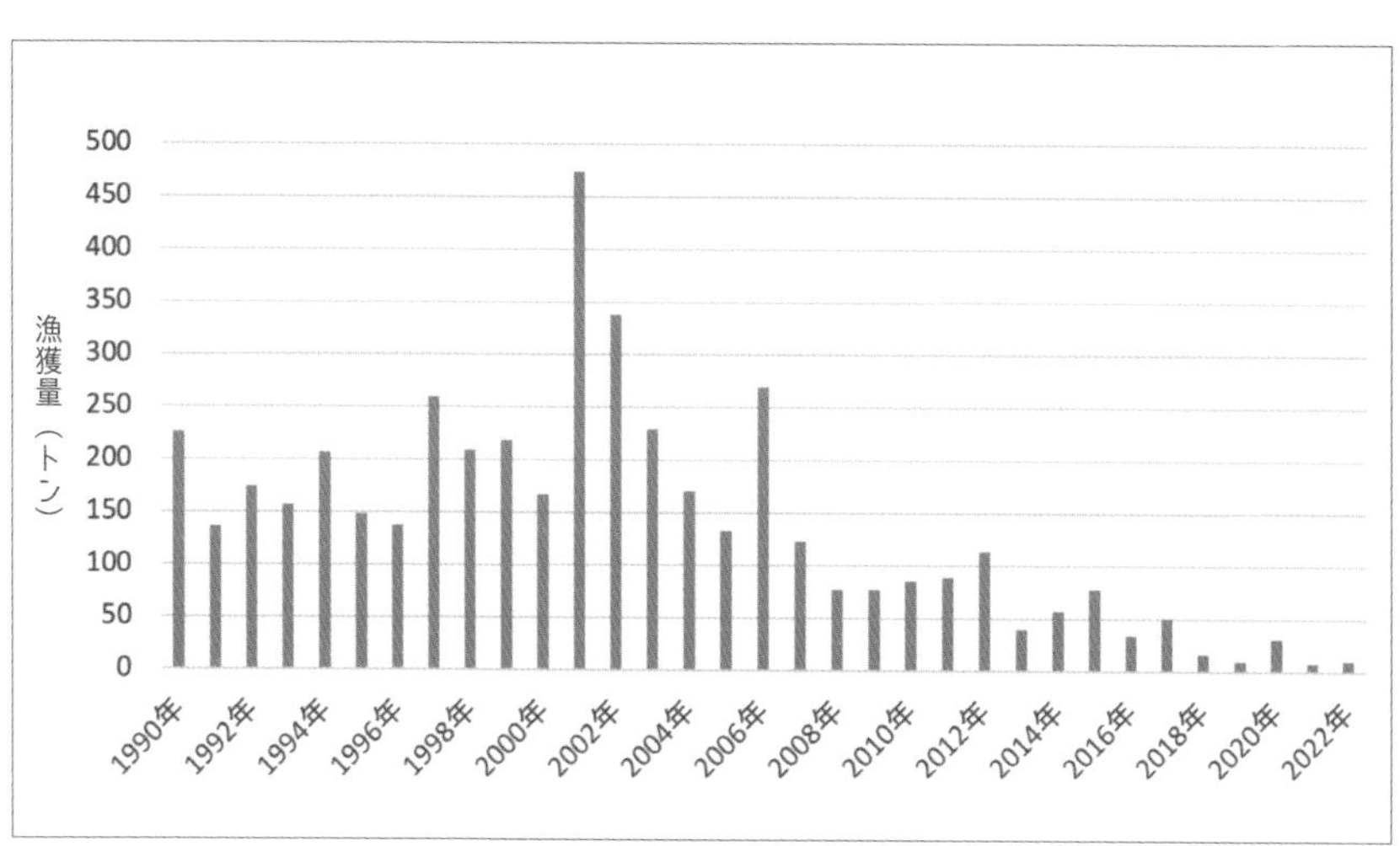

❹飛島のスルメイカ漁獲量
スルメイカも姿を消した

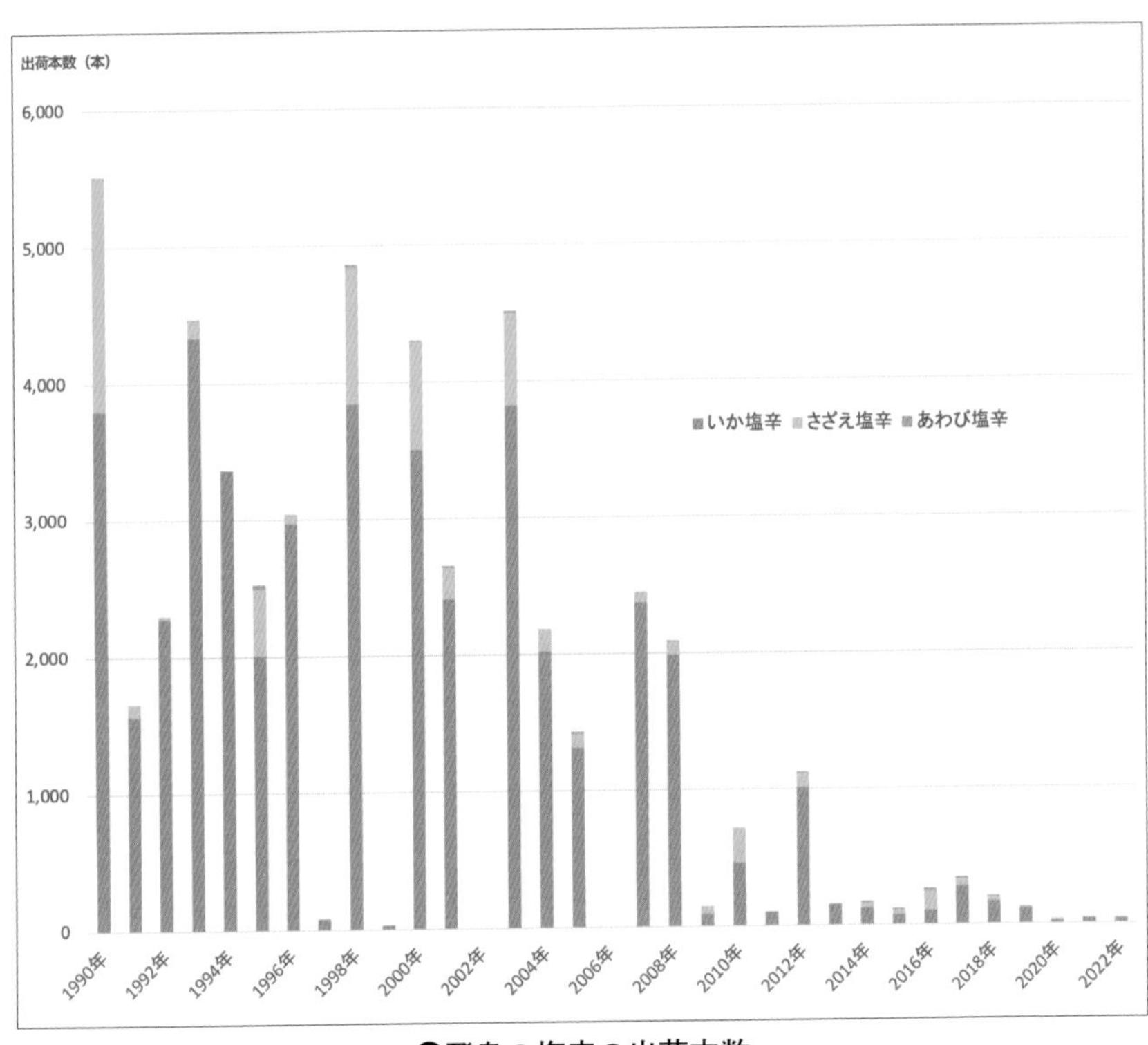

❺飛島の塩辛の出荷本数
減少している

獲れた。ただ、島ならではの苦労もあり、漁獲物は酒田の市場にまで運んで競りにかけられるため、輸送の経費が余計にかかることや、漁獲の翌日の競りになってしまうので、島のものは鮮度が悪いとされてしまうこともあったそうだ。

スルメイカと並ぶ島の特産物であったのがトビウオの焼き干しである。上品なダシが取れる飛島のトビウオの焼き干しは、酒田のラーメンのスープには欠かせないものであった。10数年に飛島に行った際には、漁港でご夫婦がトビウオの焼き干しを焼いていいる姿がそこらじゅうにあった。しかし、令和5（2023）年に飛島に行ったときには、漁港にはトビウオどころか人の姿も見えなかった。なんとも別の島に来ているかのような感覚になったが、漁獲量のグラフを見てもらえれば一目瞭然で、平成2（2009）年頃からトビウオの姿は島から消えてしまった【❸】。

島から姿を消したのはスルメイカも同様である【❹】。かつて島の民宿に泊まれば、夜も朝もイカ尽くしの料理が出てきたものだが、今年の民宿の料理にイカは一つもなかった。イカの不漁と同調するように、飛島の塩辛の出荷本数も減少し、近年は数名の方が年間数十本を出荷するだけになってしまった【❺】。

このように、近年はこれまで獲れていた魚がまったく獲れなくなったり、燃料費や資材の高騰など漁業をめぐる環境が大きく変化している。急速に変化する状況への対応力というのが我々を含む漁業関係者には求められていている。過去にとらわれすぎることなく、今まで培ってきた様々な引き出しから新たなアイデアを引っ張り出し、先人たちがそうしてきたように挑戦を続けるしかないのだと、最近思う。

COLUMN ❸

塩辛と家族の風景

渡部陽子（沢口旅館）

飛島では古くは、『イカのはらわたを肥料に使うと、海神の怒りを招く』、との言い伝えがあった。漁業、とりわけ「イカ漁」に多くを頼る島ならではの、イカを粗末に扱ってはいけないという信仰に似た戒めがあったからこそ、「飛島の塩辛」が生まれたともいえる。

（粕谷昭二著『日本海の孤島飛島』より引用）

かつての飛島周辺の海域は、イカの方から寄ってきたと言われるくらいの好漁場であったそうだ。今は漁船の大型化で酒田港などで水揚げされる数量が多くなったが、全部を島で水揚げしていた頃は獲れすぎて処理に困り、海に捨てたこともあったと言う。獲れすぎて困ったイカも、塩辛にすることで長期保存が効いて付加価値が高まる。

塩辛のおいしさを左右する魚醤作りに使うのが脂のノリが一番よい7月頃に水揚げされる夏イカの肝臓だ。新鮮な肝臓をほぐして塩をまぶして樽に入れ、冷暗所で1年以上じっくりと熟成させて魚醤を作る。これに別で塩漬けしておいたイカを細く切っていれて、飛島のイカの塩辛となる。

私の父は中学を卒業してからすぐ漁師となり、島の周辺の海域での漁はもちろん、若いときには大きな漁船でイカを求めて出稼ぎ漁にも出ていた。春に日本海を南下し、長崎県沖からイカ漁を始め、対馬、隠岐島、福井、石川、佐渡島と水揚げの許可が降りている港を転々としながら北上し、7月の夏イカの頃に飛島沖でイカ漁を行う。その後はさらに北上し、年末まで北海道周辺の海域で漁を行い、飛島に帰航する。

7月に水揚げされた夏イカは、身はイカの一夜干し用と塩辛用に分けて加工し、肝臓は塩辛用として加工する。塩辛の魚醤用と塩漬け用の大きな樽がいくつも並べられている作業小屋のひときわ暗い奥の場所には、この時期以外あまり立ち入ることはしなかった。魚醤用の樽には、年ごとに順番に肝臓が継ぎ足されていく。その樽のまわりはなんだか異様な空気が漂っていて、魚醤のにおいや新鮮なイカの肝臓のにおいも混じり、独特のにおいのする場所だった。

秋が深まり時化が多く出漁できない日和の頃に、塩辛の瓶詰め作業が始まる。家族総出の作業だ。まずは、瓶をきれいに水洗いし、乾燥させておく。

次に塩漬けにしたイカの身を細く切る。イカの身にまとわりついた大量の塩は、水気を帯び、ピンク色をしている。イカの身は水分が抜けて幾分か薄くなっている。イカの身と塩、包丁と木製のまな板が混じり合う独特な音を立てて、ザクザクザクザクとリズミカルな音が家中に響き渡る。大きな樽に敷き詰められたたくさんのイカの身を取り出し、何枚か重ねて胴体部分を縦に半分にし、あとは端から薄切りにしていく。この作業はもっぱら祖母と母が担当していた。

切られたイカの身がある程度溜まってくると、次は瓶にイカの身を詰める作業。秤で身を計量し、左手の親指と人差し指を使ってぎゅっぎゅっと瓶の口から身を押し込み、右手に持った割り箸で奥へと押し込む。瓶の口が小さいので、慣れないと時間がかかってしまう。この作業は、祖父と孫である私と妹が担当し、すべての身を切り終えると祖母と母も加わって、みんなで行った。

この一連の作業は、汚れるので日中は玄関で行い、夕食後は茶の間にブルーシートを敷いてそのうえで行うため、学校から帰ってきても嫌でも手伝わなければならない動線になっていたのだ。

年に一度、島民全員参加で行われていた「挙島大運動会」では「海苔つみ支度(したく)競争」や筏(いかだ)で重ねた発泡スチロールを運ぶ「かあちゃん大漁だぞ競争」、網を繕うための道具にいかに早く糸を巻き取れるかを競う「あばりかけ競争」など、飛島ならではの種目があった。その中に、「瓶詰め競争」という毛糸を塩辛の身に見立てて、いかに早く瓶に入れることができるかを競うものもあった。口が狭い瓶に、軽くてふわふわした毛糸がなかなか入らない感覚が実際の塩辛詰めと似ているのだ。これらの種目は、老若男女関係なく参加できる飛島らしいもので、ひときわ盛り上がるものだった。

冷蔵庫の隅には、年中塩辛の瓶が入っていた。秋から冬にかけての食卓にはよく登場する。瓶の口が小さいので傾けたぐらいでは身は出せない。針金の先を2センチほどJの字に曲げたものを差し込み、身を引っ掛けて取り出す。たいていの家庭にはこの先を曲げた針金が常備されていたと思う。ストーブがついた暖かい部屋で塩辛の瓶を開けると、一気に部屋中に魚醤の香りが広がる。

塩辛さに定評のある飛島の塩辛は、そのままではとても食べられない。大根おろしや菊のおひたしに身を2、3切添えて、タレをさっとかける程度で十分である。醤油より塩分濃度が濃いため、取り出した身に醤油をかけて食べる人もいた。

「塩気が強い塩辛は誰にでもできるけど、塩分控えめで腐食させないように塩辛を作るのが腕の見せどころなんだよ」と祖母がいつも言っていた。その言葉の通り、わが家の塩辛は規定の塩分濃度ギリギリの値だった。そんな祖母自身は飛島の塩辛はあまり食べなかったが、「お父さんがイカをいっぱい獲ってくるから、うちの塩辛のタレにはイカの肝臓がいっぱい入っていて旨みが強いんだよ」とうれしそうに話す姿が思い出される。私はそのプライドを持って作られたわが家の塩辛が誇りである。

取材日記●渡部陽子さんインタビュー

第二次調査で私たちの調査チームは渡部陽子さんが運営する「沢口旅館」に宿泊したのだが、宿泊最終日の20日の午前中、その一階の会議室でお話をうかがった。陽子さんは調査メモ❷の渡部さんの親戚だ。ここでは調査の様子を対話形式でお伝えしたい。最後に魚醤を守るということをテーマにお話を聞いた。

第二次調査の最後に

陽子　だいぶ仲よくなりましたね（笑）。

白石　ええ、いろいろ教えていただきました（笑）。インタビューの前に、今回の私たちの調査のコンセプトを簡単にご説明しておきたいと思います。

陽子　はい、お願いします。

白石　最初は飛島にフォーカスするつもりは全然なくて。魚醤の作り方と、なんで作ってるのかなっていうことに興味があって来たんですよね。

陽子　全国的にですか？

白石　そうです。日本だけではなく世界的にも調べてみたいと今は思っているんですが。僕は山形大学にいるし、飛島で魚醤を作ってい

インタビューの様子

るから、行ってみようということで。島に来て、昨年（2022年の第一次調査）お話をうかがったら、いろいろと見えてきました。昨年は調査目的が違ったので、話を聞いたらすぐに島から引き揚げたんですが、もう少し魚醤について深掘りしたいと思って、また来ました。

今回の調査で当初決めていたのは、飛島全体にフォーカスすることは基本的にはしないっていうことでした。その理由は、僕らが、たとえば大学として何か継続的に島に関わっていくことは考えていなくて。というより、やってはいけないとも思っていました。

そのうえで、魚醤に関しては、なくなってしまうということは、実は飛島だけじゃなくて、山形全体の価値としても考えられるものです。昨日まで調査に同行していた高木さんと五十嵐さんは、お二人とも山形県の水産課の方で、県としてどうすべきかを考える立場です。僕は考古学者として、日本を含めた東アジア全体の中で、飛島の魚醤はどういう位置にあるかということを考えたい。松本さんなら人類学、奥野さんだったら生物物理学と、それぞれの立場で魚醤について考えています。個々人はそういった位置づけで今回調査に来ました。

ただ、それだけだとなにか物足りない。基本は魚醤の調査なんですけど、やはり飛島の人たちのこともっと知らないと魚醤がわかってこないかもしれないといいますか。

魚醤を守りたいと思っていない？

白石　今回の調査で、僕らが話を聞いた島の人たちはみんな、魚醤を守りたいと思ってるわけでもなさそうでした。

松本　なんか随分さっぱりしてるなと思って。

陽子　さっぱりしてますね。

白石　そういうのが面白いなと思って、まずその辺のお話をお聞きしたいなと。今まで話を聞いた方々は皆さんご高齢の方ばかりだったので、若い方の話を聞きたいということで、陽子さんのお話をうかがってみたいと。

陽子　私は魚醤がなくなっちゃったらさみしいっていう気持ちはもちろんありますけどね。

松本　調査の間にちょこちょこいろんな形で聞いてみたんですが、うーんとかいって、あまり寂しそうにしてないっていうのが印象的で。

白石　もう一度イカが獲れるようになったら作るんですかって聞いたら「もうやんね」って。

松本　「もうやんね」。

陽子　大変ですもんね。

松本　渡部さんは、息子さんが食べたいから作るって言ってましたけど、私はあんまり……とか言ってね。

白石　長浜さんのところでも、奥さんは食べないって。

松本　言ってたね。俺は食べるけどどって。渡部さんは開けたときにあのにおいが最初駄目だったとか。

白石　ご近所のHさんも、「私はくさいから駄目」って言ってました。

世代と、変遷する伝統

陽子　そうそう、めちゃくちゃ島の人っぽいんですけど、飛島は、東京出身の人とか、外から嫁いだ人も多いんですよ。旅館にアルバイトに来て、知り合ってそのまま結婚されるとか。

白石　そうなんですか。

陽子　多いです。

松本　島で生まれて育った人ばかりじゃないんですね。取材中「住めば都だね、ここが一番いい」って言ってる人もいました。

陽子　何もないようで、暮らすにはすごくいいところかもしれません。

松本　本当は何でもあるのかもしれないなって思うんですよね。

陽子　外から来たお嫁さんが、お姑さんに塩辛の作り方を聞いていってていうのは、昔からあったことで、「本当は私、好きじゃないんだけど」って言って作ってる方もいっぱいいます。

うちのばあちゃんは飛島出身でしたけど、飛島のより買った塩辛が好きでしたが、「でも作る」って言ってました。

もともと作ってきたものを、やはりその時々は守っていこうとしていて。嫁が姑から聞いて作るというのがあると思うんですね。今はそういう感じではなくなったと思うんですけど。

松本　そうですよね。

白石　でも「明日作らなくてもいい」って。

松本　渡部さんにお話を聞いているときの言葉なんですよ。漁師の人たちの柔軟性なのかわからないですけど、やたら執着しないで、その時あるものでやりくりしようとするところが表れているのかもしれない。

陽子　私の祖母ぐらいの年代までは、守っていこうっていう世代だったと思うんですけど、母親世代ぐらいからは、わりと新しいものを取り入れるのに躊躇(ちゅうちょ)がない世代というか、島の人がそうで、おいしいもののほうに、興味がどんどん移り変わってるように思います。

松本 なるほど。

白石 陽子さん、失礼ですが、今おいくつぐらいですか。

陽子 私は昭和59年生まれで、母親が35年生まれです。おばあちゃんが2年生まれですね。

白石 じゃあ僕の1個下だ。58年生まれなんで。

松本 そういう世代？

白石 うちの母親とかもなんかあんまり（伝統的なようなことは）気にしない。

松本 おばあちゃん世代は、ここで生まれ育った人が多いんですか。

陽子 お母さんもここで生まれ育ったんですけど。おばあちゃんもそう。うちはみんなそうです。おばあちゃんぐらいまでの世代は、たぶん冷凍庫もなくて。

松本 魚醤の作り方も伝統的だったんだ。

陽子 そうですね。母が私の生まれたときは、まだ、薪(まき)のお風呂だったって言ってたので。いろいろと新しいものが入ってきたり、技術が進歩したりして、変わっていくというところはあると思います。イカの塩辛も、イカ自体が獲れなくなってきたのもありつつ、その流れで風化しつつあるのかもしれません。

白石 陽子さん自身は、魚醤についても、まあいいかなっていうところでしょうか。

陽子 私も実はあんまり好きではない部類に入っていて（笑）。でも、私は伝統食とかは好きなので、あればつないでいきたいなと思っています。

島の人たちの魚醤をいろいろ飲み比べてみたんですけど、しょっぱいだけの人もいます。全然うまみが出ていない人もいて。でも、甘いのに、やっぱりイカの味がするみたいな、すごくおいしい人もいて。塩分濃度をいかに低く、おいしいつゆ（魚醤油）を作れるかが、昔は、嫁にもらいたい人、みたいな感じだったようです。うまく作れる人が、人気があったみたいなことを聞いたことがあります。

白石　そうなんですね。

陽子　うちのおばあちゃんは、あんまり塩辛くならずに漬けるのが上手だったので、じいちゃんのところに来たみたいなこと言ってました。

松本　そうなんだ。

魚醤は他の人に見せたくないもの？

白石　今、島の中につゆがいっぱい残っているんじゃないでしょうか。

陽子　たぶんそうだと思います。

白石　それを、どうしようかなとか、なにか考えられたりすることってあるんですか。

陽子　どのくらいあるのかもわからないですし。

松本　わかんないですよね。

陽子　どうなってるかわからない状態のものを、島の人はあまり人に見せたがらないんですね。だから、悪くなってるかもしれないけどあるよっていう人はいると思うんですけど。

松本　誰だっけ。Sさんが、そういう気持ちがあるって言ってたよね。

白石　言ってましたね。

松本　あまり見せたくないっていうか、見せるもんじゃないみたいな。

陽子　たぶん出しちゃうと、また腐食しちゃうっていうのもあるでしょうしね。

松本　そういうのもあるでしょうし。廃屋みたいになってる建物の隙間から樽が積み重なってるのが見えて、近づいて見てみると、一部が塩で腐食したようなものがあったんで、おそらく樽の……。

陽子　塩辛ですね。

松本　塩辛のつゆの樽なんだろうと思われるのが、結構な数があったと思います。

第7章
消えゆく伝統的食文化を前にして思うこと

松本　剛

飛島魚醤は消えつつある。
しかし、ただ消えるだけではない、
島に住む人々の力強さがここに描かれている。

「いかの塩辛」への家庭ごとのこだわりや飛島を取り巻く漁業の現状がわかってきた。ここでは本書の最後の章として飛島塩辛・飛島魚醤の背景をまとめつつ、消え去ろうとしている「いかの塩辛」と人との関係に迫っていく。

ともに考えることから

2023年7月中旬に行った現地調査では、短い時間ながらも島の現在の様子や、飛島塩辛という伝統的食文化を取り巻く状況をじかに見聞きすることができた。また、法木地区の長浜さんと渡部さんのお二人をはじめとする、これまで塩辛作りに携わってきた方々にインタビューする機会に恵まれ、様々なことが明らかになった。本章ではまず、そこでの聞き取りや文献調査の結果わかったことをもとに、飛島塩辛の正体や、それがいかにして生まれたのか、その背景についてまとめてみよう。

すると少しずつ、飛島塩辛という文化現象が、島環境においてヒトやヒト以外の生き物たち、モノやコトが織りなす関係性の網のようなものであることがわかってくる。そこからさらに、伝統の担い手たちが置かれた立場や、彼らの伝統に対する向き合い方も見えてくる。そもそも伝統はどういうものなのか。今まさに消えゆく伝統を前に、飛島島民たちはそれとどう向き合っているのか。そして、私はそれを見て何を思うのか。調査のなかで得られた気づきにも焦点をあて、私自身や私が暮らす社会と照らして、その意義について考えてみようと思う。

第3章の自己紹介で触れたように、私は今回の飛島塩辛の現地調査を通して、島民の伝統文化を客観的に観察・記録・理解しようとしているわけではない。そのような民俗学的研究はすでにたくさんある。ここで目指すべきは、詳細な生活文化の記録でもなければ、自分にとって未知なる飛島島民についての他者理解でもない。そうではなく、限られた時間のなかであっても島民たちと積極的に交わり合いながら、彼らの置かれている状況やこれまでの歴史、生活文化を知ったうえで、ともに考えることを提案したい。それはこの本を通して島民の皆さんに私たちの声を届けることから始まる。研究者と研究対象者の枠組みを越えて、一緒になって、よりよく生きるためのヒントを見つけたい。そうやって学問と暮らしを一つの線で結ぶことを目標とする。

❶ タコのウロが入った渡部さんの飛島塩辛

飛島塩辛の正体

そもそも、飛島の島民たちが「塩辛」と呼ぶアレは、本当に塩辛なのだろうか［❶］。現地で作り手たちから製造プロセスについての詳しい話を聞くほどに、そんな疑問が何度も頭をよぎった。「はじめに」で白石さんが言及しているように、あれは狭義には塩辛ではない。

塩辛とは広義には、魚介類の身や内臓（ワタ、ゴロ、ウロなどと呼ぶ）を加熱することなく塩漬けにして、素材自体が持つ自己消化酵素や細菌の作用によって発酵を促して製造するものだ（藤井他1994）。しかし、食べやすさも考えて塩分濃度は10％ほどに抑えられることから、長期保存は難しく、発酵が腐敗に傾く前に食べ切らなくてはならない。ここで重要なのは、製造プロセスは1段階であることと、塩分濃度がそれほど高くないこと、そして（固形やペーストではなく）液体であることだ。

これに対して、飛島塩辛では（第4章にある通り）2段階プロセスを取る（石谷1995a：25）。イカのワタを使った魚醤油作りと身の塩漬けを並行して行うのが第一段階。そして、塩抜きをしたイカの切り身をできあがった魚醤油で漬けるのが第2段階。ただし、魚醤油作りには大量のワタが必要であり、当然、塩漬けの身から切り離したワタだけでは足りない。そこで重要になるのがスルメや一夜干しを作るときに出るワタだ。昔はイカが大量に漁れたから、出るワタの量もさぞかし多かっただろう。そもそも魚醤油作りはこれを廃棄することなく消費するために始まったものなのだ。つまり、飛島塩辛の起源には、島民のもったいない精神があったということだ。そして、このときに重要な役割を果たしたのが北前船の船員たちだ。

飛島の島民たちに「奥能登ではたくさん漁れたイカのワタを使って、いしり（真イワシやサバから作られる「いしる」と区別される）というものを作っている」と伝えたことが飛島塩辛を作るヒントになったと言われている。ちなみに北前船とは、江戸時代から明治時代にかけて、日本海沿岸を西廻りに酒田から下関を経由して大阪に至り、さらには紀伊半島を迂回して江戸に至る「西廻り航路」に従事した

買積み廻船のことである［❷］。川港である酒田港への入港は気象状況に大きく影響を受け、船はしばしば沖合で潮待ち・風待ちをしなければならなかった（本間２０１３）。その意味で飛島はとても都合のよい位置にあり、多くの帆船が寄港したそうだ。このような状況が、明治20年頃に風向きに左右されずに航行できる機帆船が登場するまで続いた（森本２０１３）。また、イカワタから作られる魚醤油の塩分濃度は24〜27％とかなり高めだ。そのため、発酵容器をしっかりと密封し、雑菌の侵入を防げている限り、簡単に腐敗することはない。

❷北前船の航路とおもな寄港地

２０２３年現在、島周辺ではイカがまったく漁れないため、イカをどこかから仕入れない限り、新しく魚醤油を仕込むことはできない。しかし、島にはいつかまたイカが戻り、魚醤油作りが再開されることを待っている「待機樽」が少なくない。今回の調査でも半壊した廃屋のなかから姿をのぞかせている樽［❸］や、大事に倉庫にしまってある樽をいくつも

❸法木地区の廃屋のなかに見える待機樽

目にした。しかるべき方法で保存してあれば、いつだって継続利用できるはずだ。たとえば勝浦地区のHさんからいただいた魚醤油サンプルはしっかりと蓋をしていない樽のものだったが、そんな樽でさえ底に沈んだ魚醤油は（あまりおいしいとは言えないものの）腐敗してはいなかった。このようなことが可能なのも、塩分濃度の高さゆえだ。

つまり、製造プロセスを考えても、塩分濃度を考えても、これは塩辛というよりは「塩漬けイカの切り身の魚醤油漬け」なのだ。なんだか身も蓋もない言い方だが、これが実際のところだ。

1992年11月に酒田港開港500周年記念事業の一環として開催されたイベントののちに出版された『魚醤文化フォーラムin酒田』にも、「酒田市沖の小さな島「飛島」で作られている伝統食品「いかの塩辛」の「タレ」が、実は醤油そのものであるということが再発見された」とある（石谷1995b：VIII）。飛島塩辛の仕込み汁はれっきとした魚醤油であり、日本三大魚醤油である奥能登のいしるや秋田のしょっつる、小豆島のいかなご醤油などに勝るとも劣らない長い歴史があるにもかかわらず、これまでそれとして広く知られることがなかったのは、石谷（1995a：23〜24）が指摘するように、ほぼ全量が「塩辛」作りに利用され、魚醤油としてアピールすることがなかったことがもっとも大きな要因なのだろう。

事実、島民たちはこの紛れもない魚醤油を魚醤油とは捉えていない（どこからどう見たって魚醤油なのに！）。彼らはこれを「つゆ」と呼ぶ。つゆはあくまで「塩漬けイカの切り身の魚醤油漬け」としての塩辛を作るための材料の一つに過ぎない。だから、これまでつゆを魚醤油として売り出すことはしなかったようだし、魚醤油として料理に使うレシピもほとんど存在しない。塩辛を作る以外に、インタビューで確認できた食べ方は、たった二つ。大根おろしにかけて食べるというものと、鍋の味付けとして使うというものだけだった。しかも鍋に入れると家族から「くさい」と不評なため、ほとんどやったことがないという声が多かった。先の酒田での魚醤油イベントで、飛島魚醤油を使った料理が振舞われたらしいが、そこでもバリエーションは多くなく、「飛島鍋」と「魚醤味ラーメン」、「飛島塩辛」の三つだけだった（石谷1995b：X）。

担い手たちの「そっけなさ」の裏に

さて、このようにだいぶ実態が明らかになってきた飛島塩辛だが、これはいわゆる伝統的食文化と呼ばれるものの一つである。そしてそれが今、消え去ろうとしている。私たちが確認している限り、間違いなく作り続けているのはもう長浜さんと渡部さんのお二人だけなのだ。

島でのインタビュー中にとても気になったのは、この伝統的食文化が今まさに消えかかっていると

❹勝浦地区にて。猫の餌を釣っていた。

いうのに、当の担い手である作り手たちには危機感や悲壮感のようなものが一切感じられなかったことだ。あまりにもケロッとしているのである。「先祖代々続いてきた大事な食文化をなんとしてでも残したい」といった思いや、「飛島漁業のシンボルだったイカがまったく漁れなくなってどうしていいかわからない」といった戸惑いのようなものはほとんど感じられなかった。

　あまりにそっけないので、試しに「こうやってイカが漁れなくなって、塩辛が作れなくなることで、たとえば悲しいとかそういう気持ちはありませんか」と率直に聞いてみた。すると一様に「特にないね」と、とても淡白なのであるだ。「作るの大変だしねぇ」とか、渡部さんにいたっては「実はわたしはあんまり好きじゃないの。息子が好きで、作ってくれって言うから。それだけ」とか、なかなかポジティブな意見が出てこない。

　調査前、消えゆく伝統の灯火を前に自分はそれとどう向き合うべきなのか、といろいろ考えていた私は、完全に肩透かしを食らったように感じて、少々戸惑った。また同時に、こうした自分のリアクションを通して、自分のなかにうっすらと「消えかかっている伝統文化は積極的に保護していかなくてはならない」という義務感のようなものがあることに気づいた。

私が感じた作り手たちの「そっけなさ」について、調査中に滞在した沢口旅館で、女将の渡部陽子さんからとても興味深い話をうかがった。それはある意味漁師の特性なのかもしれないと言う。

そもそも漁師たちは、イカやトビウオがたくさん漁れるから飛島に渡ってきた。昔は文字通り港があふれかえるほど、本当にたくさん漁れたらしい。朝の漁港で野良ネコたちのエサになるマメアジを一緒に釣りながらHさんが教えてくれたことだが［❹］、船揚場には足の踏み場もないほどにイカが並べられ、夏の日差しを遮るために掘建小屋を建てて、飲み食いする時間も惜しんでスルメ作りの作業をしたそうだ。

年貢としてのスルメイカ

ところでイカ釣りと言えば、私たちは集魚灯（白熱灯）を吊るした大型のイカ釣り漁船を思い浮かべる。つまり、沖合にて行う漁だ。しかし、かつての飛島ではイカは磯に寄ってくるもので、島のすぐ近くで漁れたのだそうだ。森本（２０１３）は、天保年間（１８３０〜１８４４年）の飛島の風物を描いた島役人・佐藤梅宇の『飛島図絵』に、今は勝浦港内になっている島のすぐ沖の磯で、イカ釣り漁船が群れている様子が描かれていると指摘している。

当然、その頃の漁船は今とは大きく異なる。かつて使われていたのは、シマブネと呼ばれる島独自の磯舟だ。漁師たちは干潮時に現れるニマ［❺］と呼ばれる海底の岩の割れ目（＝船入澗防潮堤）を通って家の前までに船をつけていた（森本2013）。このような状況は江戸時代から戦後まもなくの頃まで続いたと言う。これは、かつてのイカ漁を取り巻く景観が、現在のそれとは大きく様相が異なっていたことを意味する。ちなみにイカは年間を通して漁れたが、11月から5月までのヤリイカ（サイナガイカとも言う）と、5月から11月までのスルメイカ（夏イカとも言う）と、季節によって漁れるイカが異なったそうだ。

❺ニマ（『飛島図絵』、山形県編『史蹟名勝天然記念物調査報告 第七輯「飛島の研究」』山形県、1935年、175頁より）

❻イカ漁の様子（『飛島図絵』同上）

かつてのイカの漁獲高の大きさを表す歴史的事実として、酒田の商人・永田勘十郎による記録文書『永田文書』の記述が挙げられる。慶長5年（1600）に起きた慶長出羽合戦にて上杉氏を破った最上義光は、酒田・東禅寺城の強化を図るために庄内から年貢を集めることになったが、この文書には、そのときに飛島を含む庄内各地から徴収された品々（塩や海産物、造船税など）のなかにスルメイカが含まれていたことが記されている。島民から徴収されたイカは、販売されて金に換えられたのちに年貢（烏賊税）として収められたそうだ。米が取れない飛島ならではの徴税形態だ。

庄内を酒井氏が統治するようになってからも、イカは主要な年貢として納められた。寛文6年（1666）には五十駄が納められたという記録が残っている（森本2013、酒田市立図書館／光丘文庫デジタルアーカイブ）。一駄が二千枚だから、五十駄と言えば十万枚にものぼる。この他にも岩海苔（いわのり）、アラメ、アワビ、サザエ、タコなどが数多く献上されており、江戸時代の飛島の人口が千人ほど（約150戸）であったことを考えると、当時の為政者たちにとって飛島が重要な財源であったことは想像に難くない。しかも上記の数字が示すのは年貢分だけであり、実際の漁獲量はずっと多いはずである。それだけイカはたくさん漁れたのだ［❻］。飛島が「イカの島」と呼ばれていたのもうなずける。

姿を消した飛島のシンボル

かつての飛島なら、私たちがインタビュー調査を行った7月中旬はイカ漁真っ盛りだった。しかし、私たちが目にしたのは人っ子一人いない静まり返った漁港だった［❼］。沖に出ていく漁船さえほとんど見かけなかった。イカ漁だけなく、漁業全体の漁獲量が大幅に減ったためだ。かつてドル箱と言われたトビウオも、好不漁の変動があるとは言え、2～3年前から姿を消している。漁師の長浜さんももう必要ないと言って、大きな船は手放してしまった。今では小型の船を出して、なんとか漁を続けている。

飛島漁業のシンボルだったイカやトビウオが姿を消してしまったのだから［❽］、漁師は他に漁れる魚介類を漁るだけだ、と陽子さんは言う。サザエはまだ漁れる。最近はイカやトビウオに代わってマグロが漁れるようになったとか。トビウオの不漁は、こうして増えてきたマグロの回遊に影響を受けているのではないかという声もある。そう言えば、旅館での晩御飯のお膳にマグロやサザエが並ぶことはあっても、イカやトビウオはまったく出てこなかった［❾］。だから今、漁師の頭のなかはマグロなど「漁れる魚」のことでいっぱいなのかもしれない。よく考えてみれば当たり前のことだ。

元来、漁撈というのは狩猟に似て、ギャンブル的な要素に左右されやすい生業形態である。農業よりもはるかに大きな範囲を船で駆けめぐり、獲物を追う仕事だ。漁れるところを探して動き、漁れなくなったら他所へ移動する。もしくは、漁れなくなったら諦め、漁れるものに集中する。だからおそらく漁師たちは私たちが思うほどに現状や一つの場所に執着していないし、臨機応変に状況に合わせて振る舞うことには長けているのだろう。だからこそ、なのだろうが、新しい知識や技術を受け入れることにも柔軟だと言う。渡部さんのところのよう

❼中村の漁港内で見かけたのはこの一艘のみ

❽かつて飛島漁業のシンボルだったイカやトビウオ

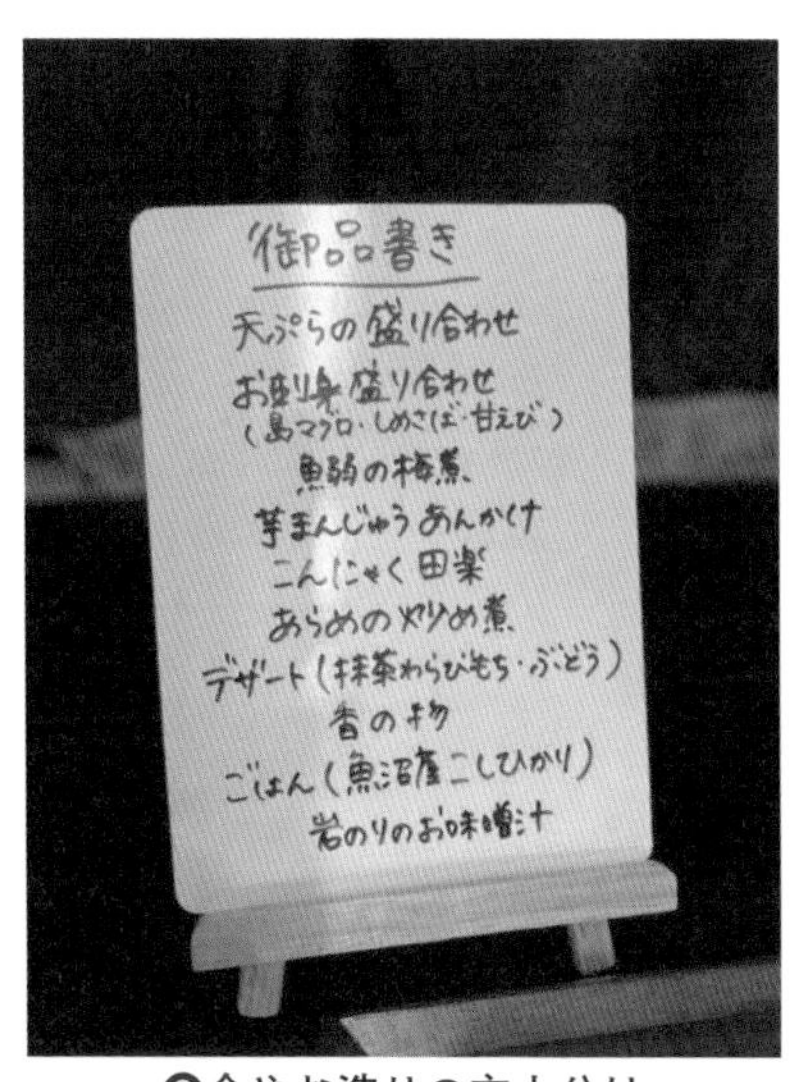

❾今やお造りの主人公は島マグロである

に、魚醤油作りの際にイカだけでなくタコのウロを入れるようになったのも、「入れるとおいしい」ということを素直に受け入れて始まったのだろう、と。

〝アクターたち〟の動的な関係性の網の目

陽子さんの言葉に「なるほど」と膝を打った。漁師たちはこれまで、日々ダイナミックに変化し続ける島環境にしなやかに順応しながら暮らしを紡いできた。私たちが今回注目している飛島塩辛という伝統的食文化も、そうした暮らしのなかで生み出されたものだ。つまり、ヒトやヒト以外の生物、モノ（無生物）、自然現象などの〝アクター〟が織りなす動的な関係性の網の目のなかで偶発的に生み出されたのである（ドゥルーズ&ガタリ1994、ラトゥール2019）。

海水温の変化など、環境的な変化が起これば、当然それによって島につく生物相も変化するだろう。島周辺の磯にイカが棲みつくのに適した環境があったから、あふれるほどイカが漁れた。だからこそ、古くは徴税の対象となった。さらには、干しイカを作る際に出る大量のワタを「もったいない」と感じる島民たちの気持ちがなければ、それは単に捨てられていただろうし、北前船によって外部から魚醬油作りの技術がもたらされなければ、そのワタが飛島塩辛（＝塩漬けイカの切り身の魚醬油漬け）という一風変わった保存食に姿を変えることもなかった。こうした幾多のアクターやそれらの諸関係のうち、一つでも欠ければ、飛島塩辛は成り立ち得なかった。逆に言えば、こうした絶妙なタイミングとバランスによって成立した伝統的食文化は、アクターたちが形作る関係性の網にほつれや欠損が生じれば、一瞬にして消え去ることだってありうるのだ。

きっと漁師や島民たちはこうした関係性の網の在りようを意識的か無意識的かわかっている。様々な変化によってもはや成り立たなくなった伝統的食文化にことさらに気をとめることがないから、私は彼らの態度を「そっけない」と感じたのではないか。消え去るものを引き止めることはできない。仕方がないのだ。私たちが過ぎ去った過去に心をとらわれているのを尻目に、彼らはすでに新しいステージに進んでいる。

我々研究者を含む、生業活動に直接従事しない者の多くは、変化を嫌い、日々を便利に効率的にルーティーンとして生きようとする。不断の流れであるはずの世界を、扱いやすい小さな箱のなかに閉じ込めて凍らせてしまう。だから、何事も固定的に、本質的に捉えがちだ。文化現象は元来きわめて動

的なもので、常に変化しうるという、よく考えれば当たり前の特徴を見逃してしまう。実際には伝統と呼ばれるものが、様々な状況のなかでその形を変えたり、形は変わらずともその意味が変化することはよくあることだ。しかしそんな伝統を固定的に捉え、無時間的なタイムカプセルに詰め込んでいつまでも劣化しないように保存しようとしてはいないだろうか。そうやって固められた伝統の標本を陳列棚に並べることにどれほどの意味があるのだろうか。

消えゆく伝統を前に私たちがすべきことはなにか

そもそも伝統とはなんだろうか。なぜ残すべき、保護すべきなのか。私たちの多くが共有している伝統についての考え方としては、「伝統とはこうあるべきもの、そして近代化の波によって消滅してしまうものだから、きちんと保存しておこう」というのが一般的であるように思う。かつては、島に雇用を生むために様々な取り組みを行っている合同会社とびしまによって、飛島塩辛の商品化の試みがなされたこともある。主に若い世代によって、この伝統を残そうという取り組みが行われた。とは言え、残念ながらこうした試みを成功させるためには大きな労力と投資が必要であり、困難に直面している。

また、伝統というものをどう捉え、どう向き合うかは、人それぞれのはずだ。正解は一つではない。だから、伝統を保護するとか、保存するというときに、その人の立場や考え方の違いが伝統に対する向き合い方に違いを生むことは言うまでもない。だから多声性に注意しなくてはならない。実際、渡部陽子さん曰く、島民のなかにも伝統への向き合い方に世代間で大きな違いがあった。陽子さんのおばあちゃん世代、つまり現在の作り手の親世代には「大切な伝統を保護したい」という意識が強く見られたかもしれないと言う。それに対して現在の作り手世代は、外から島に嫁いできた女性が少なくなく、前の世代ほど伝統保護の意識はそれほど高くないかもしれないとか。

「別に悲しくない」とか「別に明日作らなくてもいい」という担い手たちに、「悲しくないのですか」とか「なぜ続けないのですか」と迫るのはちょっと違う。なによりも無責任ではないか。そこに伝統を担っている人々への配慮がどれほどあるのか。漁業も観光業も下火になり、だいぶ寂しくなってきたこの離島で「誰かこの伝統を継承してくれませんか」と言われたとして、実際に手を挙げる人がどれだけいるだろうか。かつては塩辛作りのうまさがお嫁さん選びの重要なチェックポイントだったこともあったそうで（陽子さん談）、島民たちにとって塩辛に思い入れがないはずない。無責任に、しかもどことなく上から目線で伝統保護を叫ぶのはあまりにもナイーヴすぎる。

グローバリゼーションが進んで、スマホなどの情報機器の普及によって世界の隅々までが一瞬でつながるようになり、文化の均質化を危惧する声が上がるようになった。すると、個々の文化の独自性を示すために「伝統なるもの」がもてはやされ、保存が叫ばれるようになる。また、私たちが伝統と考えるものは、なんとなく「古くから続いてきたもの」という認識がある。飛島塩辛の起源が、北前船の船員によって伝えられた奥能登のいしりにヒントを得たことに求められるなら、それは江戸時代までさかのぼる可能性がある。古いから守るべきなのだろうか。

人々が長い時間をかけて経験や知恵を積み重ねながら培ってきたと思っていた伝統文化が、実はそれほど古いものではなく、比較的最近創られたもの、誰かの意図でもって発明されたものであった、などということも少なくない（ホブズボウム1992）。となると、「残るべきもの」、「残すべきもの」という判断の裏に潜む政治的意図や権力の存在にも注意すべきなのではないかと思う。なぜなら、そういったものに絡め取られると、いくつもある伝統の間に「より正統なもの」とか「あまり正統でないもの」といった価値基準が生まれ、文化の真正性を問うようになってしまうからであるだ。「この文化はあの文化よりも正統性に欠けるね」なんて、おかしい。

ここで私は、文化や伝統といったものの見方を少し変えてみてはどうかと思う。昔からの経験や知恵が蓄積して固まった化石みたいな何か（「私たちらしい何か」）として捉えるのではなく、「常に外部から何か新しい要素を吸収しながら生まれ変わり続けているもの」と捉えてみたらどうだろうか。伝統は保存するものではなく、新しい価値付けで生まれ変わらせるもの。伝統文化を取り巻く立場の異なる人々がそれぞれの関わり方を通して、しかも上述したような政治的意図や権力とは離れたところで、常に新たな価値を見出し、保護とか保存といった方法とは別の形で、その発展に寄与することができるなら、それがもっとも理想的なのではないかと思う。

飛島塩辛の可能性と新たな価値付け

最後に、飛島塩辛が持つ可能性について触れるとともに、新しい価値付けを通してこの伝統文化を生まれ変わらせる方法について考えてみたい。

まず、最初に思いつくのは、「つゆ」の魚醬油としての価値である。インタビュー調査の際に渡部さんのお宅で初めて飛島塩辛をいただいたが、これが大変おいしかった（調査メモ❷参照）。つゆは確かに塩辛いものの、同時に強いうま味を感じた。塩辛と一緒にきゅうりやトマトなどの夏野菜もいただいたのだが、試しにつゆをこれらにかけて食べてみたところ、おいしくて驚いた。

このつゆが調味料として認識されていないのはとてももったいないのではないか。大石田町次年子でレストラン「調香菜 *Umui*」を経営する友人、高橋恵美子さんにレシピ提案のコラムをお願いしたのは、そんな経緯からだ。彼女が提案するレシピで、島民の皆さんの食卓に新しい風が吹いたりしたら、最高だなと思う。食が切り拓く新しい可能性に期待したい。

また、魚醬油作りの際にできる「油」の利用価値についても指摘しておきたい。この油に出会ったのは長浜さんのお宅だ。塩辛作りをする作業場を見せてくれたとき、タイ釣りで使用するという擬似餌も見せてくれた。5センチほどの短い、鮮やかな赤い毛糸の束を一端で結びまとめたもので、言ってみれば、お弁当に入るタコウィンナーみたいな形をしている。これを酒瓶のなかに入った油に浸してから使うのだと言う。しかし長浜さんは何の油なのか皆目見当もつかないと言っていた。それは島内に暮らす親戚から譲り受けたもので、彼らもおそらく鼠ヶ関（ねずがせき）（酒田市の南、約60キロメートル）あたりから仕入れたものではないかということだった。

長浜さんが擬似餌の缶を開けた瞬間、ムワッと強い油のにおいが広がった。酸化して塗料っぽいにおいに変化しているが、間違いなく動物性の油のにおいだ。なんとなくどこかで嗅いだことのあるような、少し懐かしい感じがした。この油に浸した擬似餌がとてもよく釣れるのだそうで、長浜さんは「赤い色がエビに似てるからか？」なんて言っていた。私はこの謎の油が気になって仕方がなかったが、その秘密を解く手がかりは、呆気（あっけ）なくもすぐにやってきた。長浜さんのお宅をあとにし、その足で渡部さんのお宅にお邪魔したときのことだった。

渡部さんは全部で五つ樽を持っている。ポリエチレン製の樽が四つと、木製樽が一つ。昔はみな木樽で仕込んだらしいが、木樽は魚醬油の強い塩分にやられて腐食しやすいため、あまり保（も）ちがよくないのだそうだ。時代とともに腐食しないポリエチレン製に少しずつ置き換わっていったらしい。実際、今回見た樽のほとんどがポリエチレン製だった。木樽は味噌や醤油を仕込むのと同じような大きさの杉樽だ。この伝統的な木製樽を前に、私はさぞかし興味深そうな顔をしていたに違いない。サービス精神満点の渡部さんは、なんとこの木樽のなかを見せてくれると言う。

渡部さんが樽を開けたとき、とっさにひらめいた。長浜さんのところで嗅いだ、あのにおいに似ている。間違いない。実は私はとても鼻が効く。夕飯時に顔を合わせた家族がお昼に何を食べたかを言い当てたりするので、「警察犬」と呼ばれているほどだ。自信があった。このにおいはおそらく魚醤油樽の表面に浮かぶ固形物やイカワタの油が酸化したにおいだ。

山形に戻ってから数日後、奥野さんからメールが入った。タイの擬似餌を浸したあの油、アングラー界隈で「イカゴロ」とか「イカ油」と呼ばれるものではないか、とのことだった。酒田港から山形市まで帰る途中、釣具屋に寄って行って尋ねてみたのだそうだ。イカ油とは、漁師がイカの内臓を発酵させて作る油である。ビンゴ！　渡部さんの魚醤油樽の表面に浮いていたあの油じゃないか！

実は釣具メーカーがこれとよく似た餌を開発したこともあるらしい。ただ、あまりに釣れすぎるので、漁協が釣具メーカーに作らないように（売らないように）働きかけをしたこともあるのだとか。とは言え、とてもにおいがキツイので、一般の釣り客にはあまり好まれず、地域によってはレジャーの釣りでは禁止になっている。

つまり、イカワタの魚醤油はヒトだけでなく、タイのような魚にとってもおいしいものなのだろうということだ。飛島塩辛はこんなふうに、まだ私たちが知らない隠れた顔を持っているのかもしれない。大切なことは同じものを同じように作り続け、同じように使い続けるだけでなく、今の時代に合わせて改良したり、今までにない使い方をしてみたり、より自由な発想で、よりクリエイティブに関わっていくことなのではないだろうか。そういう実践の積み重ねが伝統文化の新しい価値の発見や発展につながるのではないだろうか。

気候変動が与える生活への影響や、高齢化・過疎化など、いま飛島が直面している諸問題は、より広い規模で顕在化している問題と地続きにあり、私たちにとって他人事ではない。こうした問題に向き合う上でもっとも重要なのは、問題解決という終着点を目指して「安定的で強固なにか」を生み出すことよりも、世界を終わりのない動きの中で捉える動的な視点としなやかな柔軟性を手にすることなのかもしれない。飛島島民はそんなことを私たちに教えてくれているように思う。

COLUMN ④ 世界の発酵、調味料

松本　剛

世界は見えている半分と、見えていないもう半分でできている。しかし私たちの多くは日頃から、目に見える部分しか意識しておらず、世界のもう半分は存在しないも同然だ。

この見えないもう半分とは、主に地下の世界であり、生き物たちの腹の中などである。そして、この世界での主役がいわゆる微生物（びせいぶつ）。これにはバクテリアや古細菌（こさいきん）などの原核生物と、一部の真核生物が含まれる。微生物は私たちの目には見えないが、ヒトを含む動植物が生命を維持するうえで欠かせない役割を担い、分解という作用によってこの世界の循環をもっとも基本的なところで下支えしている、本当の意味での「縁の下の力持ち」なのだ（モントゴメリー&ビクレー2016、コリン2016）。

たとえば、ヒトを含む動物の皮膚や内臓にはおびただしい数の微生物が棲息し、その生命活動を支えているし（いわゆる常在菌）、植物も微生物が土壌と根の間に介在しなければ必要な栄養を取り込むことさえできない（たとえばアーバスキュラー菌根菌など）。また、微生物による有機物の分解がなければ、地上は生き物たちの屍（しかばね）だらけになり、物質循環しない。生産者としての植物類、消費者としての動物類、還元者としての微生物類

（菌類やバクテリア）が併存して、うまくバランスを取ることによって、この世界は循環しているのである。

そんな重要な存在を私たちは普段からほとんど意識してないどころか、コロナ禍ではひとくくりに「菌＝悪、徹底的に排除すべき存在」とみなし、ウイルスとともに、日常的に除菌の対象とした。細菌学の研究者のなかには、長期に渡る世界的な除菌活動によって、一部の微生物種が絶滅する可能性を危惧する声もあるほどだ（Finlay et al.2021）。殺菌の仕方と程度は、時と場合によって区別すべきで、自分が手術台に上がる前に執刀医が手指消毒をしていなければ恐ろしいが、通常の防疫目的ならおそらく手洗い程度で十分なはずだ。

発酵とはなにか

そんな目には見えない微生物たちの存在や働きがもっともわかりやすい形で顕在化するのが、発酵（はっこう）という現象だ。発酵（fermentation）の語源はラテン語の fervere にあると言われる。この語はまさに、甘い果汁や蜂蜜に舞い降りた酵母菌がそれらをお酒に変える過程で、炭酸ガスを放ってブクブクと泡立っているような、そんな様子を表現している。目には見えなくとも、人々はこのブクブクのなかに何らかの存在の関与を見抜いていたに違いない。

発酵学の第一人者である小泉武夫（こいずみたけお）は、発酵を次のように定義している（小泉1981：18）。

細菌類、酵母類、糸状菌類（カビ類）、藻菌類そのものか、あるいはその酵素類が、有機物または無機物に作用してメタンやアルコール、有機酸のような有機化合物を生じたり、炭酸ガスや水素、アンモニア、硫化水素のような無機化合物を生じ、なおかつその現象が人類にとって有益になること。

重要なことは、微生物によるこの代謝プロセスが「人類にとって有益になる」という点だ。実は発酵と腐敗は、現象のメカニズムとしてはまったく同じであり、どちらも分解作用である。ただし、その現象が人間にとって有益であれば「発酵」と呼ばれ、有害であれば「腐敗」と呼ばれる。いたって人間本位の分類であり、ネーミングなのだ。腸内細菌叢を善玉菌や悪玉菌、日和見菌などに分類するのも、これと同じ考え方。しかし悪玉菌と呼ばれているものが常に有害かと言えばそうではなく、それぞれの微生物の振る舞いは多面的であり、一つの基準で「善か、悪か」と明確に線引きできるものではない（たとえばピロリ菌）。何事もいちいち白黒つけたがり、ものごとを一面的にしか考えないのは、私たちの悪い癖だ。

人類にとって発酵がもっとも有益な形で活かされる場面の一つが、いわゆる発酵食品づくりだろう。食べ物が発酵するか腐るかは、人類にとって長い間きわめて重要な問題だった。腐敗したものを食べれば、腹を壊したり病気になったり、ときには死に至ることだってある。食べ物を腐らせないことは、現在のように食べ物が潤沢でなかった時代には喫緊（きっきん）の課題だったはず。

食べ物を腐敗させないための技術として代表的なものが、食品を塩や砂糖、高濃度のアルコールに漬けることで、腐敗のもととなる雑菌の侵入を防ぐという方法だ。まさに飛鳥塩辛がこれにあたり、仕込みの際にたくさんの塩を加えることによって腐敗を防いでいる。

他にもpH値をコントロールする方法もある。多くの微生物は6・0〜8・0くらいの中性環境に棲息しているので、pH値を強酸性や強アルカリ性に傾けることによって、雑菌の侵入を防ぐことができる。たとえば強酸性に傾けるのがヨーグルトづくりで、この環境に耐えることができる乳酸菌のような微生物だけが生き残り、発酵に寄与する。一方、強アルカリ性に傾けるのが燻製づくりだ。秋田県の内陸南部地方では、晩秋から冬にかけての晴れ間がなく天日干しができない時期に、大根を囲炉裏に吊るして燻製にし、さらにそれをぬか漬けにするという方法によって、長期保存が効く「いぶりがっこ」という独特の風味のある漬物を作っている。

また、特定の微生物がたくさん増殖することによっても、腐敗は防げる。ぶどう果汁は放っておくと数日で腐ってしまうが、そのなかで酵母が一定数繁殖すると、酵母が作る栄養成分や酵素の力によって、腐敗をもたらす雑菌を締め出してくれるので、腐敗しない。できあがったワインはアルコールの作用によって長持ちするし、飲めばおいしいし、気分がよくなる。よいことづくめではないか。

このように人類は、カビや酵母、細菌たちとの関わりのなかで、膨大な時間をかけ、様々な試行錯誤の末に、多くの食品加工・保存技術を獲得し、豊かな発酵食文化を築き上げていった。

世界の発酵文化圏と日本の発酵文化

その結果、発酵食品は世界のあらゆる文化のなかに確認できる。発酵デザイナーの小倉ヒラクによれば、世界の発酵文化は大きく東西に二分できると言う。その違いを分けるのが、発酵に寄与する微生物の種類の違いであり、境界線はインド・西ベンガル州のコルカタからバングラデシュ付近に引くことができるという（小倉2017、2023）。

この境界線から西側の発酵文化を特徴づけるのが、酵母（イースト）と動物性乳酸菌（グラム陽性細菌）だ。酵母を使い、麦を発酵させて作るビールやパン、果汁を発酵させて作るワインやシードルなどが代表的。また、動物の乳を動物性乳酸菌で発酵させて作るチーズやヨーグルトもある。比較的乾燥した気候ということもあり、単種もしくは少ない微生物でシンプルに醸す文化だと言う。

一方、東側の発酵文化圏の主役は発酵カビと植物性乳酸菌だ。発酵カビを使って、日本酒や紹興酒などの穀物酒を作ったり、豆や麦から味噌や醤油などの調味料を作ったりしてきた。こちらの発酵文化圏の特徴は、高温多湿な気候に由来する多様性にある。ここでは雑菌なども含む様々な微生物が関与してくるため、腐敗を防ぐために独自の工夫が必要となり、結果、風味にもバリエーションが生まれたと言う。

東側の発酵文化圏に属する日本の発酵文化を語るうえで、避けて通れないのがニホンコウジカビだ。学名を「アスペルギルス・オリゼー（*Aspergillus oryzae*）と言い、アスペルギルス（コウジカビ）属に分類される不完全菌の一群である（山本・北本2006、Machida et al. 2006）。黄麹カビまたは麹菌と呼ばれる菌の一種で、味噌や醤油、醸造酒（黄酒、日本酒、マッコリ）などを作る際に重要な役割を果たしてきた。ちなみに、なんとこのニホンコウジカビ、そのゲノム解析が終わった翌年（2006年）に日本醸造学会大会にて、国技（相撲）や国花（桜・菊）、国鳥（キジ）などと並んで、日本の菌（国菌）として認定されている。まさに国を代表する微生物なのだ。

日本の発酵技術の歴史は長い。微生物の培養技術は一般的には、炭疽菌や結核菌、コレラ菌などを発見したことで知られる、ドイツの細菌学者ロベルト・コッホによって1870年代に確立されたと言われるが、日本ではそれより450年も前、室町時代にはすでに酒蔵が使う麹を卸す種麹屋（北野天満宮の「麹座」）が職業として誕生していた（村井1968）。つまり、カビの胞子だけを培養して販売するという、世界最古のバイオテクノロジーを確立し、しかもそれを商業化していた。もちろん、顕微鏡などない時代である。やはり、人々はfermentationのブクブクのなかに生き物の存在をはっきりと認識していたのだ。

様々な発酵食品づくりに使われるカビたち

こうして日本人は、微生物のなかでも培養がもっとも難しいと言われるカビだけを巧みに扱う技術を手に入れ、その後も長きに渡って維持し続け、そこから味噌、醤油、米酢、みりん、酒、焼酎、鰹節（ただし本枯節に限る）といった様々な発酵食品を生み出してきた。では、これらのうち、発酵が作り出す調味料について見てみよう。

発酵が作る調味料

文化人類学者の吉田集而（1998）は、15世紀における世界の調味料・香辛料の世界分布を、八つのゾーンに分けて説明している。

1. トウガラシ・トマト圏＝アメリカ
2. ココヤシ圏（ココナッツミルク）＝太平洋～東南アジア島嶼部
3. マサーラ圏（カレー）＝インド
4. タービル圏（アラビア語で香辛料の意）＝アラブ地域
5. ハーブ・スパイス圏（地中海産のハーブ・スパイス）＝ヨーロッパ
6. 油料植物・発酵調味料圏（アブラヤシなど）＝サハラ以南のアフリカ
7. 魚醤圏＝東南アジア大陸部、マレー半島、インドネシア西部
8. 豆醤圏＝日本を含む東アジア

さらに石毛直道（1989）はこれらのうち、魚醤圏と豆醤圏を合わせて〝うま味文化圏〟とし、その特殊性を強調している。実際、この他にサハラ以南のアフリカにも、魚やエビ、貝、豆類を発酵させた調味料はある。たとえばナイジェリアでは、茹でたイナゴ豆を葉に包んで発酵させたのち、挽いてペースト状にしたダダワという発酵調味料が、スープやシチューなどの料理を作る際に使われている。しかし、うま味文化圏におけるうま味の強い発酵調味料のバラエティの多さは群を抜いている。日本もこのうま味文化圏に属し、中国な

ど近隣地域からの影響を受けながら、旨みの強い調味料を作り出してきた。

「はじめに」で白石さんが書いているように、調味料の形状には液体・ペースト・固形があり、液体状のものはあまり古くなく、古くは固形もしくはペースト状のものが使われていたと考えられている。これは海外でも同じで、たとえばタイの魚醤油であるナンプラーは、20世紀前半に中国からの移住者による生産・販売をきっかけに、チョンブリー県からタイ全土に広がったと言われている。ナンマンホイ（オイスターソース）、シーユーカオ（白醤油）、うま味調味料、砂糖などともに近代以降に登場した調味料だ（大澤２０２２）。

固形もしくはペースト状の古い調味料は、いわゆる「ひしお」（醤）と呼ばれるもので、かつては「比之保」と書いた。古い時代の醤は①魚介類を使った「魚醤」、②肉を使った「肉醤」、③果実・野菜・海藻などを使った「草醤」の3種類に分けられると言う。のちに穀物を原料とする「穀醤」（中国からの唐醤と、朝鮮半島からの高麗醤）が大陸から日本に伝わり、今日の味噌や醤油の原型となった。ただし、中国の味噌（醤・ジャン）づくりにはクモノスカビが使われ、麦を使って麹を作る。この技術が海を渡ってからは、日本の気候や風土に合うように改良され、先に触れたニホンコウジカビを使って米で糀（麦で作る麹と区別してこう呼ぶ）を作るようになり、日本独自の技術となった。

飛鳥塩辛もこうした系譜のなかに位置づけられるのであろうと推測するが、先に引用した小泉による定義に照らして考えてみると、実は飛鳥塩辛が発酵食品であるかどうかについては１００％自信を持って断言できないのが実情だ。

発酵という側面からから見た飛鳥塩辛

奥野さんがコラム❶「発酵、魚醤の科学」で書いているように、イカやタコの細胞自体が持つ酵素の働きによってタンパク質が分解され、アミノ酸などのうま味成分が作り出されていることは間違いないであろう。だが、それ以外にどのような微生物がどう関与しているのかについては科学的にはまったくわかっていない。

これを明らかにするには、たとえばメタゲノム解析が必要だ。通常のゲノム解析が1種類の生物の遺伝子情報の解析を目的としているのに対して、メタゲノム解析は、頭に「超越」を意味するメタ（meta-）が付与されているように、一種類ではなく、複数の生物種の混合した遺伝子配列情報を網羅的に取得できる。そこからゲノム配列を再構築したうえで、微生物種の推定・分類および機能解析などのデータ解析を行う。培養に依存せず、樽から採取した魚醤油サンプルをそのまま使えることも都合がいい。ただし、数が少ない種については情報が得られにくいという欠点があり、試料に含まれるすべての生物種の遺伝子情報が得られるわけではない。

このような解析を行い、イカ・タコ以外の微生物の存在を示すデータが得られれば、それらがタンパク質の分解に寄与している可能性、つまり飛島塩辛が発酵食品である可能性が高まる。問題は試料分析にとてもお金がかかることだ。データ解析までお願いすると、1試料あたり20万円くらいかかる。このコラムを読んだメタゲノム解析の専門家が「面白そうだからやってみましょう」なんて声をかけてくれることに期待したい。とは言え、解析によってイカ・タコ以外の微生物の存在を示すデータが得られたとしても、「では本当に発酵食品なのか」と言われれば、１００％でない。科学とはそれほど厳密なものなのだ。

食品以外の発酵

最後に、発酵の力は食品づくり以外にもあらゆる場面で役立っていることに触れておきたい。たとえば、抗生物質である。もっともよく知られているペニシリンは、ペニシリウム・クリソゲナム(*Penicillium chrysogenum*)という青カビの一種が分泌する化学物質である。1928年、イギリスの細菌学者アレクサンダー・フレミングは、黄色ブドウ球菌を培養したまま放置してしまっていた寒天シャーレのなかに青カビが生えているのを見つけたが、青カビの周囲だけは黄色ブドウ球菌が生えていないことに気づいた。彼はこの青カビがジフテリア菌などの病原細菌の生育を抑制する働きをもつ物質をつくり出していることを突き止め、細菌性感染症の治療に用いることができることを明らかにした(梶本2019)。

また、伝統的な「天然灰汁発酵建て」と呼ばれる藍染(あいぞめ)技法にも発酵の力が役立っている。インディカンという成分を含む蓼藍(タデ科の一年草)などの葉を約100日間乾燥させたのち、水やりと天地返しを繰り返しながら熟成させて堆肥状になった蒅を染料として使用する染織技術である(川井2008)。蒅を作る過程で、インディカンは酵素分解と酸化作用によってインディゴという不溶性の色素成分になる。さらに、蒅に灰を溶いた灰汁を加えてアルカリ性の溶液にすると、バクテリアが活性して発酵が始まり、これが不溶性のインディゴをロイコ体インディゴへと還元させ、溶液中に溶け出させる。このロイコ体インディゴを繊維に染着させ、酸素に触れさせると、鮮やかな青色に発色すると言う(恐ろしく複雑な!)仕組みである(米田・櫻庭・大島2023)。

人類はこのようにして、目には見えない微生物の働きを利用しながら、様々なことに役立ててきた。いずれも、五感を通したきめの細かい観察と試行錯誤の繰り返しの結果生まれた技術なのであろう。そう一言で言うのは簡単だが、それぞれの技術の背後にある複雑なメカニズムを知れば知るほど、どの技術も顕微鏡が発明されるはるか昔に確立されたという事実に驚きを隠すことができない。先人たちの偉大な発見と貢献に対し、深い敬意と感謝の念をここに表したい。

おわりに

私も自分で発酵食品を作る。たとえば、ぬか漬け。特に菌が活性化する夏のぬか漬けは最高だ。ぬか床は、乳酸菌や酵母を中心に、あらゆる菌種が生育して複雑な細菌叢を形成していると言われる。水分が多すぎたり、塩分濃度が低すぎたり、温度管理がしっかりしていないと、そのバランスが崩れ腐敗しやすいので、ぬかや塩を足し入れたり、涼しいところで管理したり、あれこれ調整しないといけない。その加減は、手触りとにおい、味、つまり自分の触覚、嗅覚、味覚を使って行う。日頃から視覚情報に頼りきりの私たちは、当然、最初は大きく戸惑う。

しかし私はこの戸惑いこそが重要なのだと思う。なにか食品を作るとき、近頃は少しウェブ検索すれば詳細なレシピが出てくるし、手順を細かく説明する動画などもすぐに見つかる。言われた通りすればよいだけだから、自分の感覚を試されることはない。わけがわからない、手探りな状況に置かれることはほとんどない。レシピサイトのコメント欄には、「レシピ通りにやったのにうまくいかなかった」と文句を言っている人が少なくない。

「これはいかん」と思い、数年前には大学の一般教養科目として「発酵人類学」という授業を開講し、ヒトと微生物の関係について学生たち（主に1年生）と考えてみたことがある。課題と称して発酵食品を作る機会を設けたりしてみた。カビの培養技術を開発した過去の偉人たちとまではいかなくとも、「一体全体、どうなっているんだろう」と不安な思いを抱えながら、感覚を研ぎ澄ませて手がかりを探り、未知の世界（目に見えないもう半分の世界）で起きていることを想像するということがとても大切だと思うからだ。学生たちは戸惑いながらも、私が伝えたかったことを学び取ってくれたようである。

読者の皆さんも発酵食づくりで想像力を鍛えてみませんか。

付録
魚醤を使った
料理にチャレンジ

Umui 高橋恵美子

飛島の魚醤のレシピがほしい――

この話をいただいたとき、料理教室や普段の営業時にお客さまから、ナンプラーの使い方を知りたいという質問と同様、んんん？　となったことは否めない。なぜなら、私にとって魚醤は非日常ではなく、日常的に使用する物だからだ。

自身の料理教室、「コシラエル味覚の授業」では料理をする際に五味（甘さ・酸っぱさ・辛さ・苦さ・しおからさ）を根本に置いて味を構築することを皆さんに伝えているし、私自身、調味料一つ一つが、どの五味の範囲になるか想像して味の着地点を想定する。魚醤も例外ではなく、旨味、塩味を基本に広がる甘味と、ほのかに見える苦味をもとにしている。

簡単に言えば、魚の風味がする醤油として認識しており、醤油とほぼ同じく、息をするように使っているため、レシピと改めて言われると恥ずかしいくらいシンプルになる……。

そんななか、いくつかの魚醤を手渡され、また手持ちの魚醤も加えて、味比べをしてみると、飛島の魚醤は他のそれと比べて、塩気が強く旨味がストレート、甘味はかすかに感じる。

正直言えば、お行儀悪いが、これを指に付けて日本酒をちびちびするだけでご満悦になれる味だ。ということは、米にあうということ。

なので、まずはご飯ものから考えてみよう。

ごはん系

魚醤の焼きおむすび

米は土鍋で炊くかガス釜で炊きたい。ほどよく研いで、浸水してから、ちょい硬めに炊き、熱いうちに結ぶ。七輪の網の上に置いて、魚醤を刷毛（はけ）で塗りながら味がしみてこんがりと焼けるまでひっくり返して、最後に七味を混ぜた魚醤を塗って仕上げる。

このまま食べても十分においしいが、漬け込んだ身があるなら少し刻んで米に混ぜたらなおうまい。夏なら大葉で挟むと香りが重なりつい手が伸びるだろう。と書いてるうちに、卵黄と魚醤を混ぜて、刷毛で、と思ったが、いや待てもっとうまいのがある！と高鳴る。

卵黄の魚醤漬け

魚醤と煮切ったみりんを2：1くらいで合わせ、そこに一晩殻ごと冷凍し半解凍してから白身と分けた卵黄を入れて一晩から一日漬ける。これを炊きたてご飯の上に置いて食べてもおいいが、卵黄を中心に置いて、おむすびにして海苔を巻いた上にさらに卵黄を置いて食べたら格別だ。

塩分が強いのならナムルも向いてるだろうから、巻き物にしてみよう。

野菜の魚醤ナムル巻き

季節の野菜（大根や人参、蕪、青菜）を塩揉みしたり、茹でたり、炒めてから、魚醤と胡麻油、ニンニクや生姜で味付けをしナムルを作る。炒りごまを混ぜ込んだご飯を海苔に敷き、ナムルを置いて海苔巻きにする。

白米でもおいしいと思うが、玄米が向いていると思う。白米であれば少量のごま油と塩で、玄米ならば、梅酢でご飯に少し風味をつけるとおいしい。

魚醤の炊き込みご飯

どの食材を使ってもおいしいと思うのだが、頭に湧くイメージは里芋と油揚げ。里芋のねっとり感と油揚げのジュワッと感が魚醤に合うと思うからだ。

まず米を研いで30分以上浸水してからザルにあける、その後魚醤を入れただし汁と合わせる(だし汁は一度味を決めてから冷やすとよい)。

一口大に切った里芋と油抜きして切った油揚げと何かしらきのこを入れて炊く。炊きあがり蒸らす前にひと回し魚醤を入れて蒸らす、焼き網で香ばしく焼いた葱を混ぜ込む。

その他にも炒飯の仕上げに鍋肌に回しかけ香ばしさを出してもいいと思う。

野菜系

ナムルで野菜が出てきたので、今度は野菜に使うことをしてみよう。魚醤は基本的に旨味と塩分の塊なので、ナムルのように野菜にダイレクトに使ってもそのおいしさを引き出してくれる。まずは……。

魚醤のお浸し

魚醤で味を決めた出汁を冷やす(昆布出汁を取り、それから味を決めてもよい)。

青菜等なら茹で絞ってから切り、その他の物は蒸したり、揚げたり、焼いたりして出汁に浸す。好みで生姜を擦りおろしたり、柑橘をスライスして乗せて風味付けをするとなおおいしい。

実は、こういうお浸しは冷蔵庫に常備しておくと様々に使い回せる。

青菜のお浸しは刻んで水気を切ってお茶漬けに

乗せるとおいしいし、トマトのお浸しなどはそうめんを茹でてキンキンに冷やして皿に盛り、その上から汁ごとぶっかけて薬味を乗せたり、蒸して割いた鶏肉や焼いてほぐした干物を乗せたら夏の暑い時期にはうれしい一品になる。

魚醤のだし

山形名物の「だし」も、醤油でなく、魚醤で作ればまた一味違うものができる。

夏の茄子、胡瓜、茗荷もよいが、春の山菜、秋冬は白菜やキャベツ、長芋、人参と生姜で作ってもよい。ともにご飯に乗せて食してもよいが、豆腐に乗せたり、蒸した野菜にかけたりと重宝する。野菜、香味野菜を細かくみじん切りにし、魚醤と煮切ってアルコールを飛ばしたみりんを合わせたものに混ぜ込み1時間以上寝かせる。

魚醤の福神漬け

日本のカレーライスのお供に欠かせない福神漬け。これも自家製だと様々な野菜が使えるし、好みの甘しょっぱさにできる。

大根、瓜系野菜、蓮根、紫蘇の実、胡麻、生姜等を使う（個人的には牛蒡も捨てがたい）。大根や瓜系を1・5センチくらいの銀杏切りに合わせて切り、生姜はみじん切りにし、少し弱めの塩をして水が出てくるまで置いておく。蓮根は同じく銀杏切りにして塩茹でしザルにあける。

魚醤と砂糖（ブラウンシュガーか黒糖が望ましい）と少しの酢を合わせた物を火にかけ調味液を作り粗熱をとる。水気を搾った野菜と茹で冷ました蓮根を合わせ調味液とも合わせ胡麻や切り昆布も混ぜて一晩寝かせる。

カレーの付け合わせの他に、稲荷寿司のご飯に混ぜ込んでもおいしい。

魚醤とにんにくのバーニャカウダソース

鍋に入れたニンニクの上に牛乳をヒタヒタにそそぎ、柔らかくなるまで煮る（牛乳アレルギーの場合は豆乳で）、ニンニクを取り出し、オリーブオイルと魚醤と一緒にミキサーに入れて、ペースト状にする。

バーニャカウダに使うのもよいが、サンドイッ

チを作る時のマヨネーズの代わりに使ってもよいし、肉を焼いた時のソースとして使っても面白い。

この他にも、野菜炒めの仕上げに使ったり、根菜類を煮たりしても、魚醤を入れるだけで深い味わいが出ます。

唯一、気をつけたいのは、やはり野菜は旬の物で新鮮なものがよく、顔が見える生産者さんのものだと、なおよい。それは野菜本来の味が濃く、魚醤の旨みに負けないからこそ相乗効果でおいしいにたどり着くからだ。

前述で野菜をピックしてレシピをあげていたが、肉や魚に組み合わせてもおいしいものばかり。

肉や魚の場合はやはり下味や最後の仕上げに合わせるとよさそうだ。唐揚げ、焼き物は魚醤を混ぜたタレにつけておいてから調理をする、また仕上げのドレッシングやソース、餡掛け等に使用できる。

肉・魚系

魚醤の油淋鶏

鶏もも肉を一口大に切り、魚醤とすりおろした生姜とニンニクと紹興酒を混ぜたタレに合わせて30分以上寝かせる。しょうが、ニンニク、長ネギをみじん切りにしたところに、鷹の爪を入れ、魚醤と砂糖と黒酢を合わせ入れる。寝かせたもも肉に片栗粉をまぶし。

初めは少し低い温度で揚げ、いったん取り出し、油の温度を上げてから再度肉を入れカラッと揚げ、最後に香味タレをかける。

豚肉の魚醤煮

豚型ロース塊肉にフォークで刺して穴を開け、魚醤とニンニクのすりおろしをよく揉み込みビニール袋に空気を抜いて入れ一晩置く。室温に戻した肉を油を熱した鍋に入れ全面焼きめをつけたら、四つ割りにした玉ねぎを鍋に入れ、水と砂糖、酒、レモングラス、種を抜いた赤唐辛子1本入れ、一煮立ちさせたら落とし蓋をして弱火で1時間ほど煮込む。レモン汁、魚醤を入れて味を整え、30分ほど煮る。器に盛った際にココナツミルクを回しかける。

鯵の魚醤だれ焼き

魚醤とレモン汁、砂糖をよく混ぜ、レモングラス、スライスしたレモン、カー(なければ生姜で代用)とともにバットに入れ、身に飾り包丁を入れた鯵を30分以上漬け込む。笹の葉で漬け込んだ鯵を巻き、グリルまたはオーブンで焼く。盛り付けの際に、あればミントやバジルと玉ねぎのスライスを添え、魚醤とレモン汁を軽くかける。

＊鯵の代わりに骨を抜いたイカでもよい、この場合、魚醤の原材料であるイカにタレを合わせることで、よりイカの旨みが強く感じられるようになる。

豆魚の魚醤南蛮漬け

丸ごと揚げて、骨ごと食べられる大きさの魚(鯵や鯖など)の内蔵を抜き、流水で腹を洗い、キッチンペーパーで水気を取り、薄力粉か片栗粉をまぶす。

大根と人参を千切りにし軽く塩をし、水が出たら水気を絞る。

魚醤と酢と砂糖と少しの水を混ぜたものに、唐辛子、ニンニクを入れよく混ぜたものに、カラッと揚げた魚と、千切りにした野菜を入れ、1時間以上寝かせる。

イカのさつま揚げ

イカは内蔵を抜き、皮をむきぶつ切りにする。蓮根はすりおろす。木耳は水に戻しみじん切り、人参、長葱、生姜もみじん切りにしておく。イカをフードプロセッサーに入れ回す、ある程度したら、魚醤、みりん、酒、卵白を入れ回し、最後に片栗粉とすりおろした蓮根を混ぜ合わせ、手でタネを丸め、油で揚げる。

このようにつけだれにしたり、煮込む際の汁に使ったり、じかに味付けにしたり、最後のタレにしたりして使う他に、他の調味料と合わせて醤を作ることもできる。

魚醤ピーナツ花椒醤担々麺

まず肉味噌を作る。豚バラ薄切り肉は粗く刻む。フライパンに胡麻油を熱し、生姜のみじん切りとにんにくのみじん切りを入れ香りを出し肉を入れて、紹興酒、魚醤、五香粉を入れて味を決める。

次にラー油を作る。長葱、にんにく、生姜のみじん切り、胡麻、花椒、胡桃の粗みじん切り、粗挽き唐辛子を別のフライパンに入れ、油を全体の1センチ上まで入れて弱火で熱し、沸々と湧いてきたら火を止める。粗熱が取れたら魚醤を入れる。

坦々ダレを作る。ボールに練りごまと無糖のピーナツバター、黒酢、魚醤、砂糖、塩を入れ、先のラー油と合わせる。

生麺を茹でる、茹で汁を少し取り坦々だれに加え好みの濃さに仕上げる。茹で上がった麺を水で締める。温かいのがいい場合はそのままか、いったん水で締めてからさっと熱湯に潜らせて温める。

皿に盛り、好みの野菜を乗せ、少しの魚醤を回しかけ、坦々だれと、薬味のネギ、胡麻を散らす。

基本は「難しく考えないこと」。醤油も魚醤も同じ発酵調味料なので、置換して使ってみれば、その便利さに使用頻度が高まるだろう。出汁を取らなくても、魚醤自体が出汁になるのだから。

添加物を入れためんつゆやそれに準じる物を使う必要がない。たぶんに山形ソウルフード芋煮もこれでできてしまうだろう（内陸の芋煮）。わが家では、蕎麦やうどんを作る際にも使うし、なんともなれば、たこ焼きや、お好み焼きにも入れてしまう。際たるものは昆布出汁の味噌汁にいしるを足して風味づけたり、刺身を食べるときに使ったりしているのだから。

国際的な食材が手に入り、アジアな飯が巷でも食べられるようになってきた今だからこそ、飛島の魚醤が広く知られ使われるようにありたい。

あとがき（白石哲也）

ひとりで魚醤の研究を始めてから、ここまでよく来れたなと思う。事実、最初に「魚醤の起源」研究をはじめたときは、自分でも形になるのか不安しかなかった。そもそも、どうやって考古遺物から魚醤の痕跡を見つけるのか。実は今も考え中である。本書では触れていないが、コロナ禍で調査に行くことが難しい時期に、横浜市歴史博物館の橋口豊さんや藤沢で鵠沼（くげぬま）魚醤を作られている高橋睦さんとともに、復元した弥生土器で魚醤の製作実験を開始したことは、僕の魚醤研究の転換点のひとつとなった（実験は、いまだに成功はしていないけれど）。

しかし、実験だけでなく、実際の魚醤づくりの場に行かないことには、わからないことも多い。そこで、現在の魚醤について調べていこうと思い、各地に足を運ぶようになった。気がついたら飛鳥だけでなく、タイなどでも魚醤の調査をするようになっていた。そして、周りには松本さんや奥野さんをはじめとして、高木さん、五十嵐さん、コラムを書いてくださった渡部陽子さん、高橋恵美子さんなど多くの方々が集まってくれるようになった。

研究は、自分ひとりではできない。「魚醤の起源」を解明する道のりは遠いけれど、多くの人たちと議論を交わしていくことで、もしかしたら道は見えてくるかも知れない。かつて、石毛直道さんは、

「人は共食する動物である」と言われた。この本を書くまでに、何度となく執筆者の皆さんや飛島魚醤に関わる人たちと、ともに飲み食いしてきた。これらかも、きっといろいろな人たちとつながって、「共食」していくのだと思う。魚醤研究を通じて、多くの人たちと共食しながら、楽しんで研究を進めていきたい。

飛島魚醤の主な研究成果は、公益財団法人ロッテ財団、秋田県ジオパーク連絡協議会、山形大学YU-COE（S）から獲得した研究資金で行ったものである。これらの研究助成金がなければ、本書の成果は無い。この場を借りて、お礼申し上げたい。

本書でたびたび登場する渡部さんと長浜さんには、飛島魚醤について、実際に作られている立場から様々なことを教えていただいた。そして、何度も試食もさせていただきながら、飛島魚醤の過去・現在・未来についてお話をうかがうことができた。僕らにとっては、とても幸せな時間を過ごさせていただいた。また、本書は文学通信の松尾彩乃さん、岡田圭介さん、西内友美さんのサポートが無ければ書き上げることはできなかった。特に、松尾さんと岡田さんは飛島まで一緒に来てくださり、調査にも同行いただいた。そして、松尾さんの指揮の下、僕ら執筆者は何とか本書を仕上げることができた。ここに、心から感謝申し上げたい。

追記

２０２４年１月１日。飛島魚醤の故地である能登半島を巨大地震が襲った。地震は、至るところに大きな爪痕を残し、日本の三大魚醤のひとつである「いしる」「いしり」も大きな被害を受けた。実は、僕らは2024年3月上旬に能登半島に調査にうかがうつもりで、予算もスケジュールも確保していた。

今も昔も、イカで魚醤をつくっているのは、飛島と能登だけである。第7章で触れたように、飛島魚醤は能登のいしりにヒントを得て作られ始めた。調査を予定していたのは、飛島魚醤をより深く理解するため、故地である能登半島を理解する必要があったからである。

徐々に震災の状況が明らかになっていくなかで、多くの魚醤樽が倒壊したことで、甚大な被害を受け、魚醤生産を諦めざるを得ない企業が出てきたことなども報道されるようになってきた。すぐにでも現地に駆け付けたかったが、震災直後に素人が行っても、ご迷惑をおかけする可能性が高く、メンバーとの協議の結果、今回は諦めることを決めた。とはいえ、いつまでも遠くから見守るだけで何もしないわけにはいかない。むしろ、突発的な事象によって、失われる可能性のある能登の魚醤について、僕らができることが何かを考え、実践していきたい。そして、できることならその復興に一役買いたいと思っている。

参考文献

▼はじめに

石毛直道、ケネス・ラドル　1990『魚醤とナレズシの研究―モンスーン・アジアの食事文化』岩波書店

石毛直道　2012『石毛直道自選著作集　第4巻　魚の発酵食品と酒』ドメス出版

秋道智彌　2016「アジアのナレズシと魚醤の文化」、橋本道範編『再考ふなずしの歴史』サンライズ出版

濱田耕作　2004『通論考古學（復刻版）』雄山閣

鈴木公雄　1988『考古学入門』東京大学出版会

▼第1章

早川孝太郎　1925『羽後飛島図誌』郷土研究社

長井政太郎　1982『飛島誌』国書刊行会

本間又右衛門　1982『飛島・あの日三五話』本の会

粕谷昭二　2010『日本海の孤島　飛島』東北出版企画

石谷孝祐編　1995『魚醤フォーラムin酒田』幸書房

赤坂憲雄　1999「[タブの島]酒田市飛島」、『山野河海まんだら―東北から民俗誌を織る』筑摩書房

宮本常一　1986『離島の旅』未来社

▼第2章

石谷孝祐編　1995『魚醤フォーラムin酒田』幸書房

▼コラム❶

石毛直道、ケネル・ラドル著　1990『魚醤とナレズシの研究―モンスーン・アジアの食事文化』岩波書店

Rob Phillips、Jane Kondev、Julie Theriot 著、笹井理生他訳　2011『細胞の物理生物学』共立出版

▼第4章

石谷考佑　1994『世界と日本の魚醤油と飛島の『塩辛』』、石谷考佑編「魚醤文化フォーラムin酒田」21～27ページ

大澤正　2005『魚醤塩辛』、福田裕・山澤正勝・岡崎恵美子監修「全国水産加工品総覧」449～452ページ

伊藤珍太郎　1974「庄内の味」80～85ページ

▼コラム❷

池田哲夫　2000「漁撈用具における桶と樽」『桶と樽―脇役の日本史』法政大学出版会

小泉和子編　2000『桶と樽―脇役の日本史』法政大学出版会

松村紀代子　2000「ヨーロッパの桶と樽―英国を中心に」『桶と樽―脇役の日本史』法政大学出版会

伊東隆夫・山田昌久編　2012『木の考古学―出土木製品用材データベース』海雲社

▼第5章

高村仁知他　1998「フィッシュミール魚醤油の製造過程における褐色化反応」『日本調理科学会誌』31（2）
https://www.jstage.jst.go.jp/article/cookeryscience1995/31/2/31_96/_pdf（2024年2月20日閲覧、以下同）

森勝美他　1977「イカ塩辛の微生物学的研究Ｉ」Bulletin of the Japanese Society of Scientific Fisheries 43(12)
https://agriknowledge.affrc.go.jp/RN/2010162282

森勝美他　1979「いか塩辛熟成過程中の好気性細菌について」Bulletin of the Japanese Society of Scientific Fisheries 45(6)
https://www.jstage.jst.go.jp/article/suisan1932/45/6/45_6_771/_pdf

中里光男他　2002「魚醤油中の揮発性塩基窒素及び不揮発性アミン類の分析」『東京都立衛生研究所研究年報＝Annual report of Tokyo Metropolitan Research Laboratory of Public Health』53、95～100ページ
https://www.tmiph.metro.tokyo.lg.jp/files/archive/issue/kenkyunenpo/nenpou53/53-19.pdf

高井典子他　1992「赤作りと黒作りイカ塩辛の微生物学的および化学的特性の比較」Nippon Suisan Gakkaishi 58(12) 2373～2378ページ

野間誠司　2022「魚醤の製造プロセス検討と細菌叢解析」『化学と生物』60（9）、453～458ページ　https://www.jstage.jst.go.jp/article/kagakutoseibutsu/60/9/60_600905/_article/-char/ja

▼第7章

石谷孝佑　1995a『魚醤文化フォーラム』開催される―日本海食文化フォーラム500イン酒田」、石谷孝佑編『魚醤文化フォーラムin酒田』幸書房、Ⅶ～Ⅹページ
石谷孝佑　1995b「世界と日本の魚醤油と飛島の「塩辛」―魚醤油をめぐる新たな食文化の発見と構築」、石谷孝佑編『魚醤文化フォーラムin酒田』幸書房、21～27ページ
エリック・ホブズボウム　1992『創られた伝統』紀伊國屋書店
藤井建夫・松原まゆみ・伊藤慶明・奥積昌世　1994「いか塩辛熟成中のアミノ酸生成における微生物の関与について」、『日本水産学会誌』60（2）、265～270ページ
本間又右衛門　2013「北前船と飛島湊―船宿盛衰のことども」、岸本誠司・松本友哉・小川ひかり編『飛島学叢書1986　飛島の磯と海』とびしま漁村文化研究会、52～6ページ
森本孝　2013「飛島の海辺を歩く」、岸本誠司・松本友哉・小川ひかり編『飛島学叢書1986　飛島の磯と海』とびしま漁村文化研究会、10～50ページ
酒田市立図書館／光丘文庫デジタルアーカイブ　https://adeac.jp/kokyubunko/text-list/d100010/ht016660
ブリュノ・ラトゥール、伊藤嘉高訳　2019『社会的なものを組み直す―アクターネットワーク理論入門』法政大学出版局
ジル・ドゥルーズ&フェリックス・ガタリ、宇野邦一訳　1994『千のプラトー―資本主義と分裂症』河出書房新社

▼コラム④

石毛直道　1989「魚醤の起源と伝播―魚の発酵製品の研究（8）」、『国立民族学博物館研究報告』14（1）、岩波書店、199～250ページ
大澤由実　2022「近代化・グローバル化による味の変容―タイの調味料文化」、横山智編著『世界の発酵食をフィールドワークする』農文協、106～120ページ
小倉ヒラク　2017『発酵文化人類学―微生物から見た社会のカタチ』木楽舎

小倉ヒラク　2023『アジア発酵紀行』文藝春秋

川井悠里衣　2008「天然藍灰汁発酵建てについて」『民俗と風俗』18、132〜143ページ

小泉武夫　1989『発酵〜ミクロの巨人たちの神秘』中央公論新社

アランナ・コリン　2016『あなたの体は9割が細菌：微生物の生態系が崩れはじめた』河出書房新社

梶本哲也　2019「ペニシリンの発見から製品化までの道のり」『化学と教育』67（11）、550〜553ページ

Finlay BB, Amato KR, Azad M, Blaser MJ, Bosch TCG, Chu H, Dominguez-Bello MG, Ehrlich SD, Elinav E, Geva-Zatorsky N, Gros P, Guillemin K, Keck F, Korem T, McFall-Ngai MJ, Melby MK, Nichter M, Pettersson S, Poinar H, Rees T, Tropini C, Zhao L, Giles-Vernick T. (2021) The hygiene hypothesis, the COVID pandemic, and consequences for the human microbiome. Proceedings of the National Academy of Sciences of the United States of America, Feb 9; 118(6): e2010217118. doi: 10.1073/pnas.2010217118.

Machida M, Asai K, Sano M, Tanaka T, Kumagai T, Terai G, Kusumoto K, Arima T, Akita O, Kashiwagi Y, Abe K, Gomi K, Horiuchi H, Kitamoto K, Kobayashi T, Takeuchi M, Denning DW, Galagan JE, Nierman WC, Yu J, Archer DB, Bennett JW, Bhatnagar D, Cleveland TE, Fedorova ND, Gotoh O, Horikawa H, Hosoyama A, Ichinomiya M, Igarashi R, Iwashita K, Juvvadi PR, Kato M, Kato Y, Kin T, Kokubun A, Maeda H, Maeyama N, Maruyama J, Nagasaki H, Nakajima T, Oda K, Okada K, Paulsen I, Sakamoto K, Sawano T, Takahashi M, Takase K, Terabayashi Y, Wortman JR, Yamada O, Yamagata Y, Anazawa H, Hata Y, Koide Y, Komori T, Koyama Y, Minetoki T, Suharnan S, Tanaka A, Isono K, Kuhara S, Ogasawara N, Kikuchi H. (2005) Genome sequencing and analysis of Aspergillus oryzae. Nature, Dec 22; 438(7071): 1157-61. doi: 10.1038/nature04300.

村井三郎　1968「麹カビの今昔物語り」『化学と生物』6（1）、32〜36ページ

デイビッド・モントゴメリー&アン・ビクレー　2016『土と内臓—微生物がつくる世界』築地書館

山本七瀬・北本勝ひこ　2006「麹菌にも有性世代がある?—ゲノム解析から明らかになったこと」『日本醸造協会誌』101（10）、740〜748ページ

吉田集而　1998「味の認識と調味の類型」、石毛直道監修・吉田集而編集『人類の食文化』味の素食の文化センター、369〜407ページ

米田一成・櫻庭春彦・大島敏久　2023「ジャパン・ブルーとインジゴ還元酵素—藍染めの藍建て発酵に関するインジゴ還元酵素」『化学と生物』60（1）、9〜11ページ

執筆者プロフィール

【編者】

白石哲也（しろいし　てつや）

山形大学学術研究院（学士課程基盤教育院）・准教授。研究分野は考古学。

主要な著書・論文に「宮ノ台式土器成立期の移動・移住―相模湾沿岸地域を対象として」（『法政考古』49、2023年）、「第6章 土器付着炭化物から見る池子遺跡」（杉山浩平編『弥生時代 食の多角的研究 池子遺跡を科学する』六一書房、2018年）、「弥生時代における鳥形土製品の役割」（『古代』139、2016年）など。

松本　剛（まつもと　ごう）

山形大学学術研究院（人文社会科学部担当）・教授。今から約1000年前に南米ペルーの北海岸北部で栄えた「ランバイェケ」という先史社会に関する考古学研究。

主要な論文に「第14章 北海岸に花開いた多民族国家 ランバイェケ」（山本睦・松本雄一編『アンデス文明ハンドブック』臨川書店、2022年）、Matsumoto, G, et.al. Paisaje ritual de Huacas de la Gran Plaza en el núcleo ceremonial de Huacas de Sicán. In Paisaje y territorio: prácticas sociales e interacciones regionales en los andes centrales, editado por Luisa Díaz, Oscar Arias Espinoza, y Atsushi Yamamoto, Universidad Nacional Mayor de San Marcos y Universidad de Yamagata, 2021. 松本剛ほか「パレテアダ土器とはなにか―近年の発掘調査および遺物分析の結果から」（『古代アメリカ』24、2021年）など。

奥野貴士（おくの　たかし）

山形大学（理学部）・教授。研究分野は生物物理学。

主要な論文に、Inchworm-type PNA-PEG conjugate regulates gene expression based on single nucleotide recognition - PubMed nlm.nih.gov, Prediction of Blood-Brain Barrier Penetration (BBBP) Based on Molecular Descriptors of the Free-Form and In-Blood-Form Datasets - PubMed nlm.nih.gov, https://www.maruzen-publishing.co.jp/item/?book_no=301266. など。

【執筆】

高木牧子（たかぎ　まきこ）

山形県水産研究所資源利用部主任専門研究員。山形県の水産物のさらなる品質向上を目指し、漁船の上から流通、そして私たちが食するところまで、どうすればより美味しく高品質な魚を作れるか研究している。

主要な成果に「庄内浜鮮度保持技術ガイド」（https://www.pref.yamagata.jp/documents/6287/osakanaguide.pdf、2023年）、「庄内浜おいしいお魚ガイド」（https://www.pref.yamagata.jp/documents/6287/sendohojiguige3.pdf、2023年）、令和3年度全国水産試験場長会会長賞受賞「庄内おばこサワラのブランド力維持と研究所が果たす役割」（https://www.pref.yamagata.jp/147010/sangyo/nourinsuisangyou/suisan/suisanshikenjou/index.html）など。

五十嵐悠（いがらし　ゆう）

山形県水産研究所資源利用部研究員。山形県の水産物の付加価値向上を目指し、これまで活用されてこなかった「未利用魚」をおいしく活用するための研究や、県産水産物の介護食利用への展開へ向けた研究を進めている。

主要な成果に令和4年度新しい技術の試験研究成果「低・未利用魚を原料とした魚醤油の特徴」（https://www.pref.yamagata.jp/documents/37582/2022seika12gyoshou.pdf）、令和4年度新しい技術の試験研究成果「『えん下調整食』における県産水産物の利用に関する現状と課題」（https://www.pref.yamagata.jp/documents/37582/2022seika07engeshoku.pdf）など。

渡部陽子（わたなべ　ようこ）

1984年飛島生まれ。大学卒業後は市内で就職。2012年、しまcafe（現：島のカフェスペースしまか（へ））の開店スタッフを担当したことを機にUターン。2014年、合同会社とびしまに入社、しまかへ店長を経て、沢口旅館の女将を務めている。

高橋恵美子（たかはし　えみこ）

イタリアンや和食の店などで働いたのち、2011年4月、東京都内にカフェ「Umui」をオープン。2018年に山形県に移住し、山形県北村山郡大石田町で「調香菜Umui」を営む。

【編者】

白石哲也・松本　剛・奥野貴士

【執筆】

高木牧子・五十嵐悠・渡部陽子・Umui 高橋恵美子

研究者、魚醤と出会う。

山形の離島・飛島塩辛を追って

2024（令和 6）年 3 月 31 日　第 1 版第 1 刷発行

ISBN978-4-86766-037-9　C0095　

発行所　株式会社 文学通信

〒 113-0022　東京都文京区千駄木 2-31-3　サンウッド文京千駄木フラッツ 1 階 101

電話 03-5939-9027　Fax 03-5939-9094

メール info@bungaku-report.com ウェブ https://bungaku-report.com

発行人　岡田圭介

印刷・製本　モリモト印刷

ご意見・ご感想はこちらからも送れます。上記のQRコードを読み取ってください。